人气主厨的
火爆韩国料理

黄景龙　王陈哲　著

中国纺织出版社有限公司

让料理新手和老手都能轻松做出地道的韩式料理

我担任中国台湾国际年轻厨师协会理事长6年，带领年轻厨师与餐饮学子到世界各国参加厨艺竞赛，借由竞赛开拓国际视野，最常到韩国参赛。竞赛上所提供食材与调味料皆会有所不同，选手必须具备良好应变能力才能顺利完成竞赛。身为教育家也是餐厅业者的我认为料理不单单是工作而已，将自身技能传承与拓展国际观更为重要。

本书着重介绍韩式料理，从调味料的选择应用与食材的认识，无论是传统韩式烹调手法或创新料理都是我近年来努力研究的成果。

此书缘起于2016年，那年与王陈哲师傅一起代表中国台湾到韩国参加比赛，在卖场看见琳琅满目的韩式调味料觉得很有趣，在韩国餐厅用餐也发现许多不同于中国台湾的美味，例如安东炖鸡，台式料理口味称为红烧，与韩式口味就有所不同，加入一些不同调味料与食材就能完美呈现地道的韩式安东炖鸡。于是我与王陈哲师傅约定一起研究韩式料理，如何运用本地食材做出美味的韩式料理，让本书读者在家也能做出异国美食，借由摄影师林宗亿的用心拍摄与黄位玖编辑的专业编排，将料理程序化繁为简呈现给读者。所有步骤呈现仔细明了，从准备食材、料理顺序、烹饪技巧与各式调味料的使用方法等，本书图文并貌，逐一引导，不论是新手还是已经有丰富经验的人，都能轻松上手，做出美味且地道的韩式料理，通过本书来认识韩国特色食材与料理手法。

感谢许多业界朋友与厂商热情相助，让我们的拍摄工作得以顺利，在此真心向这些朋友致谢。最后，感谢这次与我一起合力完成此书的最佳搭档——金帝王婚宴会馆行政总监王陈哲的协助与合作，也要感谢烹饪助理永安初中家政教师刘姵均与羊皮衣泡菜工坊杨品义主厨的协助。本书若有所不足之处，希望不吝赐教！

台北侬来餐饮事业　餐饮总监　黄景龙

运用本地食材
做出正宗韩国餐厅菜

　　参与这本书的拍摄制作，让我对韩式调味料有更深刻的认识，进而接触到更多的异国料理。为了创造出不同以往的滋味，此次料理特地选用当地蔬果入菜，尝试使用更多不同食材做搭配。书中清楚地介绍了各种韩式调味料的使用方法及料理步骤，并配以图片说明，使读者能更轻松地上手，成为创意料理达人。也希望让喜欢做菜的朋友们在阅读本书后，对调味料知识与烹饪技巧一次掌握到位，从采购、食材处理到保存，面面俱到。

　　这本书的创作灵感来自于2016年到韩国参加比赛，因为必须在韩国当地采买食材与调味料，在卖场看到许多韩式调味料，让我萌生研究韩式料理的念头，决定更深入地了解韩式料理与调味料相关的资讯。在赛后与此趟带队的队长黄景龙师傅闲聊，发现他也喜欢韩式料理，约定一起钻研韩式料理、韩式调味料，之后时常利用工作之余或休假日与龙师傅一起到韩式料理餐厅取经，最后才有了这本书。

　　最后，感谢最佳搭档依来餐厅餐饮总监黄景龙的协助与合作，以及旭登护理之家蔡敬修主厨、中原大学推广教育中心林忠毅老师一起参与拍摄食材的准备与协助善后，让这本书能够顺利呈现在大家眼前。

金帝王婚宴会馆　行政总监　王陈哲

黄景龙

【学历】
◆ 台湾科技大学 管理研究所EMBA
◆ 高雄餐饮大学 中餐厨艺系

【现任】
◆ 台北依来餐饮事业 餐饮总监

【证照】
◆ 中餐烹饪荤食乙级技术士／中餐烹饪素食乙级技术士
◆ 中餐技术士检定乙丙级监评人员

【主要经历】
◆ 2017～2019 中国台湾美食展评审委员／筹备委员
◆ 2018～2019 中国台湾卤肉饭节评审
◆ 2016～2018 中国台湾商业类技艺竞赛中餐职类评审
◆ 2015～2019 苹果日报年菜评审／2019 中国台湾粽子节评审

【荣获奖项】
◆ 2019 美国休斯顿Master Chef 厨艺大赛银牌
◆ 2018 台北市"台北—台菜"十大推荐餐厅
◆ 2017 美国乔治亚州青年台商会杰出烹饪技艺
◆ 2017 美国Youngstown 大学客座主厨
◆ 2017 美国职业技术中心（Choffin Career Technical Center）客座主厨
◆ 2017 新西兰"Master Chef 烹饪挑战赛"团体赛金牌
◆ 2017 日本山梨县"职人烹饪大赛"个人金牌
◆ 2016 WACS韩国"奥林匹克餐饮烹饪大赛"团体赛金牌
◆ 2016 荷兰第八届"中国烹饪世界大赛"个人冷菜金牌
◆ 2016 当选高雄餐饮大学"杰出校友"
◆ 2015 日本"国际料理职人烹饪大赛"个人前菜金牌
◆ 2014 中国香港"李锦记青年厨师中餐国际大赛"个人金牌
◆ 2013 马来西亚"国际金厨争霸赛"个人特金牌
◆ 2012 新加坡"中国烹饪世界大赛"个人最佳前菜特金牌、金牌

【著作】
◆ 《名师名厨爱吃蛋》
◆ 《台湾小吃终极图解版》
◆ 《人气百元平价快炒》
◆ 《经典台菜95味》

王陈哲

【现任】
◆ 金帝王婚宴会馆 行政总监

【证照】
◆ 中餐烹饪荤食乙级技术士
◆ 中餐烹饪荤食丙级技术士

【荣获奖项】
◆ 2019 中华日式料理发展协会"第一届和食料理比赛"金牌
◆ 2018 第八届两岸十大青年菁英名厨
◆ 2017 "KWFC韩国国际餐饮大赛"金牌
◆ 2016 "韩国WACS国际餐饮大赛"职业团体组 金牌
◆ 2015 "日本国际料理人"冠军
◆ 2015 年度"FDA优良厨师"金帽奖
◆ 2013 "世界厨王台北争霸赛"亚军

【著作】
◆ 《日日幸福厨房大百科：灵活调味厨艺&料理更完美》
◆ 《掌厨人：十年火候熬一刻真味》
◆ 《台湾101名厨》

Contents

（目录）

KOREA ~

韩国最受欢迎的10道
街头小食

餐餐必吃的
30道
韩式开胃小菜

必学的17道
热乎乎韩国料理

烹调须知

1. 每道食谱中所标示材料分量均为实际的重量，包含不可食用部分，如蔬果的皮、果蒂、籽等重量；本书食谱中所有的食材请先洗净或冲净后再做处理，食谱内文中不再赘述。

2. 炸油的量为淹过食材即可。

3. 单位换算：1大匙＝15毫升、1小匙＝5毫升、少许＝略加即可；适量＝依个人口味增减分量。

4. 材料和调味料排序原则：材料是分量大或主要材料放前面，再依次排序；调味料则是依照加入的顺序排列。

5. 本书的材料和调味料若有加"韩国"，建议采买时以韩国产为佳；若没有加注，则不限产地。

韩国饮食
在中国

由于韩剧、偶像团体、相关娱乐文化节目
与韩国美妆、服饰在国内的风行，
形成一股持续性的"韩流"，
也接连带动韩国料理的盛行，
但是韩国料理有哪些特色？
到了国内又做什么调整？
目前又有哪些形式的韩式餐厅呢？
本文一一次告诉你！

认识韩国料理从了解饮食特色开始

韩国饮食文化，受到邻近中国与日本的影响，所以在料理中仍可见到二者饮食文化的影子，但随着各地区域风情民俗的不同与时间的影响，开始有了属于自己的饮食文化。主要来说，韩国以米为主食，搭配各式五谷豆类，或是煮成粥品，并会配上蔬菜、肉类（牛和猪肉为主）、海鲜等食材，通常桌上都会备有清汤或是酱汤，与多碟小菜，整体来说较偏向高蛋白饮食，且以炖和煮的形式为多。

由于韩国饮食相当注重"医食同源"和"阴阳五行说"，因此会在营养均衡的基础上，注重酸、甜、苦、辣、咸调味，和红、绿、白、黄、黑的色彩配色，最为大家熟知的就是石锅拌饭。此外，韩国料理也看重使用当季食材，配合二十四节气准备料理，且会使用多样的调味料和辛香料，如芝麻油、大酱、辣椒酱、辣椒粉、大蒜和葱。

韩国餐厅
在国内正流行

　　韩国料理在国内之所以流行，除了因为韩国电影、电视剧中不时出现演员大啖韩国料理的身影而诱人食欲，韩国政府于2009年开始大力推广韩式饮食也功不可没，如韩式拌饭就是首推料理。另外，韩国艺人代言餐厅的品牌，都因为有名人光环加持，更成功炒热了韩式餐厅持续火红的话题。

　　而这些店也会因适应国人的口味而进行调整，如国内很多人口味偏清淡，所以除了会对酱汁的辣度和咸度进行调整，在汤底的调味上也会不那么咸重，另外在小菜的供应上也非常多样，如有韩式料理店主打50种小菜吃到饱。此外，一些锅物还会搭配丰富的配料，如年糕锅内除了火锅肉片，还会加入关东煮或炸物并蘸奶酪享用，让吃法更多元。而锅物吃完，最后的汤汁会用米饭、蛋汁加海苔煮成粥或做成炒饭，也成了不成文的吃法。

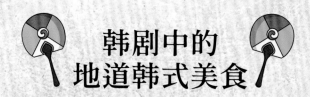

韩剧中的地道韩式美食

到餐厅点韩国料理不知从何点起，
不妨可以参考在知名韩剧和电影中常出现的韩式美食，为大家整理如下。

1（韩式炸鸡）

来自星星的你
一起吃饭吧
极限职业（电影）

2（韩式年糕汤）

一起吃饭吧
卞赫的爱情

3

（土豆猪骨汤）

原来是美男啊

6

（韩式石锅拌饭）

浪漫满屋
布拉格之恋
太阳的后裔
我的野蛮女友（电影）

4（辣炒年糕）

花游记
罗曼史是别册附录
请回答1988
城市猎人
魔女幼熙
爱你千万次

5（韩式泡菜）

花美男拉面馆
一起吃饭吧
花样男子

· 专栏 1 ·

韩国特有的饭床

　　由于传统的韩国料理是一次将所有准备好的菜色一起端上桌，而所谓的饭床是在现代式的厨房和餐桌出现前，于韩国一般家庭所使用的移动式餐桌。

　　饭床通常为一个小长方形或是圆形的小矮桌。不过，其实依照摆桌的方式还可以分为粥床、面床、酒宴床等。而饭床就是用于摆饭和菜的桌子，一人吃的饭桌称为"独床"，两人吃的饭桌则称"兼床"。而独床的摆法，则有扣除饭、

（春川辣炒鸡）

冬季恋歌
没关系，是爱情啊！
Oh我的鬼神大人
Signal（信号）
未生
第二次二十岁
制作人
浩九的爱情
前女友俱乐部
隐藏身份

（韩式炸酱面）

继承者们
咖啡王子1号店
幻想情侣

（紫菜包饭）

我叫金三顺
浪漫满屋

（人参鸡汤）

大长今
太阳的后裔

（韩式冷面）

这该死的爱
太阳的后裔

（部队锅）

一起吃饭吧
食客

（韩国烤肉）

我叫金三顺
恋爱机会百分之一

汤、泡菜、酱料外的3碟、5碟、7碟、9碟、12碟的菜碟数分法。普通百姓以3碟摆法为主，富裕家庭为5碟，新人结婚为7碟，百姓最高级宴请（或是王公贵族）为9碟，国王的御膳则为12碟。

饭床餐具的摆放，则是扁筷和汤匙皆需以直式方式摆放在桌子的右手边，不可将餐具放在饭碗、汤碗与盘子上。且筷子只用于夹菜，而汤匙则用于吃饭、喝汤和捞汤中的料，若是要吃饭配小菜，要先用扁筷把小菜夹入饭碗中，再用汤匙食用。通常吃饭的顺序是先以右手拿汤匙舀取一口泡菜汤汁喝下后，再舀一口饭，接着再喝一口汤，再吃一口饭后，就可以开始随意享用饭床上的美食。

而在饭床吃饭时，男生盘腿而坐，女生若是穿韩服则采用右膝支立的坐姿，若是穿一般服装则双腿收拢坐下即可。

韩国
饮食文化

想要了解韩国饮食文化，
除了知晓韩国料理特色与地道料理，
认识韩国饮食礼仪也是重要的一部分，
简单来说将下面列出的
韩国餐桌礼仪学起来，
这样就能离成为韩国饮食通又更进一步啦！

12个一定要知道的
韩国餐桌礼仪常识

一次上桌

若是传统式的韩国料理，会将米饭（主食）、汤、配菜（每一道配菜都单独盛盘）全部放在小桌、凳子或是方盘上，而后将之搬到吃饭的地方享用。

注重餐具摆放

现代韩国的餐桌上，一定会有饭碗和汤碗，汤匙要放在筷子的左侧，且汤匙的长度会比较长，适应以口就碗的习惯。

长辈先用

必须等长辈先动餐具后，晚辈才能开动，且一同进餐期间，须尽量与长辈步调相同，并不能大声咀嚼。若是已经吃完了，也要等长辈先放下餐具后才能放下餐具，结束用餐。

以口就碗

通常我们会认为将饭碗或汤碗托到嘴边就口，才是合乎餐饮礼仪的行为，但是在韩国却是不捧碗，而是将碗放在桌上，头低下以汤匙或是筷子吃饭。但是现在许多年轻人已经不是那么在意，有时会将汤碗直接捧起就口喝汤。

将饭倒入汤中食用

韩国人喜欢喝汤，几乎每餐都会有汤出现。而且韩国人喜欢将饭放入汤中，以汤匙搅拌成为汤饭食用。若是饭中有料，就会将料吃完，再将剩下的饭放入汤中拌匀享用。

小菜无限续用

在韩国的韩式料理店内，小菜可以无限续加，常见的小菜包括泡菜、海带、腌萝卜、豆芽菜等。

喝酒也有长幼有序

在韩国喝酒时，需要晚辈先以左手托着右手帮长辈倒酒，等长辈先喝后，晚辈才能侧身遮住杯子饮用。若是需要碰杯，为了表示尊敬，晚辈的杯子放的位置需比长辈的低。

不自己倒酒

为了避免传说中帮自己倒酒会招来霉运，或坐在对面的人会被招来衰运，抑或是不要让身边的韩国人觉得自己没有照顾到你，千万不要自己倒酒。

虽说通常一起喝酒的韩国人会注意到你的酒杯空了，主动帮你斟酒；但若对方没发现，你可假装要拿酒瓶，吸引对方注意，请对方帮你自己倒酒，且你要双手托着酒杯盛接倒酒，而之后也要记得帮对方补满酒（补到八分满即可）。若不胜酒力，就小口啜饮，留些酒在杯中，这样对方就不会再帮你补酒。

公筷母匙不存在

用餐时，常可见到韩国人会直接用自己的汤匙舀汤锅（如大酱锅、泡菜锅、部队锅）中的汤或配料，并还会共食一锅汤或一锅拌饭，据说是从韩国人喜欢分享食物的习惯而来。

餐食中的骨头不放桌上

若是餐食中有啃过的骨头或鱼刺，除了吐出时要避免旁人看见，也需要用餐纸包好，或是放于专放骨头的小桶或碗中，不能直接吐在桌面上。

四季皆喝冰水

韩国的餐厅在一年四季都会提供冰水，除了冰水可以降低食物辣度外，也因为冬天会开暖气，因此韩国人即使在冬天也喝冰水。

长辈结账

在韩国，若和长辈（或是职位高者）一同在餐厅用餐，最后都是由长辈买单，晚辈不可抢着付钱，因为这是没有礼貌的行为。所以在同桌用餐期间，就不妨多给长辈烤肉、夹菜、倒酒吧！

不可不知的韩国酒类与饮酒喝法

许多韩国人平均每周喝2~3次酒，除了因为气候较冷，喝酒有暖身之用，也因为韩国重视长幼尊卑，若有上级或长辈邀酒，就必须遵守饮酒礼仪。而韩国酒类产业协会调查后发现，有七成的受访者认为喝酒可以维持良好的人际关系。当然，喝酒在工作和生活压力大的韩国也是有解压的作用。

韩国常见的酒种类以烧酒、浊酒（马格利）、药酒（如人参酒）、啤酒（目前以Hite、CASS 最为有名）为主。烧酒是从蒙古传入韩国，由于采用蒸馏方式，数量稀少，所以在以前只有王公贵族才能享用。而酒精度数较低的发酵酒马格利则是源自于之前的农业社会，通常为平民或是劳动工作者所饮用。

目前在韩国，仍以喝烧酒为多。而近年来为了迎合年轻人的口味，开始求新求变，加入许多水果口味，如西瓜、菠萝、水蜜桃等，果香味会中和烧酒的苦辣味，如同调酒般，俨然成为目前许多女孩的新宠。

而爱喝酒的韩国人也发明了数种喝法：
烧啤 以3：7比例的烧酒和啤酒调制
马汽 以2：1比例的马格利和汽水调制
苦尽甘来酒 混合烧酒、啤酒与可乐的组合
烧百山啤 以1：1的比例混合烧酒、百岁酒、山楂酒、啤酒调制
可尔必思酒 将烧酒、啤酒、汽水以2：4：4的比例调制

而喝完酒后若想解酒，不少韩国人会喝解酒汤，如黄豆芽汤（以牛骨高汤加上黄豆芽、大白菜、大葱制成）、辣椒酱汤（以大酱、牛血块、内脏制作），或是清爽的明太鱼汤。另外还有便利商店卖的解酒液、解酒糖等，能够缓解酒后不适症状。

韩国特殊餐具介绍

目前，韩国的餐具多为金属制成，如不锈钢筷、汤匙、碗，或是铜锅、铜盘、煮泡面的小锅等。其来源有一说法是以前的王室与达官贵族、有钱人家都会使用银筷吃饭，以防止被下毒，但当时的一般百姓仍是使用木制餐具。

到了20世纪60年代，因为韩国经历了困顿时期，采用耐磨耐用的不锈钢制餐具能降低木质餐具的损耗，以免降低木材储量，所以开始流行，并成为习惯。

另外还有一个和饮食习惯相关的说法，是因为韩国的饮食大多为腌渍品或是烤肉，若是使用木制餐具，经常使用会让汤汁渗入其中，令人担心细菌滋生；但若是不锈钢制的餐具，因为不会发霉、染色或留下味道，清洗消毒也方便，所以更适合。加上后来为了减少垃圾量，韩国更明文规定全面禁用免洗餐具，因此在餐厅几乎不会看到一次性餐具，但是外带则不受该规定限制。

另外，或许大家会有疑问，为什么韩国筷子的筷身是扁平的呢？ 这是因为传统的韩式料理是全部煮好盛好后放于凳子或小桌上端到用餐区域，为了避免在端的过程中筷子滚动掉落，因而有了筷身扁平的设计。

至于铜制锅具使用广泛，如用于烤肉的铜盘或是铜锅，抑或是用来煮泡面的双耳泡面小锅，是因为铜盘与铜锅导热快又不容易粘锅，很适合用于容易烧焦或黏稠食物的烹煮，甚至拿来做成火锅或煮泡面（因为韩国泡面的面条需煮较久），能加快食材和面条的煮熟速度。

此外，韩国料理常用到石锅和陶锅，其中石锅主要用在石锅拌饭，陶锅可用在蒸蛋或汤锅类，有不同尺寸，都可以直接放在炉火上加热，具有保温功能，很适合冬天寒冷的韩国，让上桌的拌饭或汤维持热腾腾的温度！

做韩国料理的必备调味料

韩国大酱

　　韩国大酱是以黄豆发酵做成的调味料，也可称为韩国味噌，是大酱汤必备的调味料，也可用于腌菜、蘸酱，在韩国可以说是家家户户必备的调味料，传统家庭甚至会自己做大酱。

韩国辣椒粉

　　韩国辣椒粉是由晒干的红辣椒打成粉。因韩国昼夜温差大，所以做出来的辣椒粉色泽鲜红，辣中带香醇。又分成细辣椒粉和粗辣椒粉，通常腌菜、泡菜类会用粗辣椒粉，炒或蘸酱则是用细辣椒粉。

韩国辣椒酱

　　浓稠的辣椒酱是以红辣椒粉、大米、糯米粉为原料，经发酵制成，是韩国料理最基本的调味料之一。因酿造过程加麦芽糖，所以不会过辣或太咸，在拌面、拌饭、热炒或煮汤锅等中使用可增添风味。因韩风盛行，在商店很容易买到。

韩国拌饭酱

　　主要是用韩国辣椒酱、大酱和芝麻，再加上其他调味料，调成咸甜、带点辣味的酱料，可用作生菜蘸酱、拌饭酱、烤肉的蘸酱。

韩国烧酒

　　韩国烧酒是韩国特有的，以米、小麦和大麦等粮食作物经蒸馏而得的谷物酒，酒精浓度通常为20度。目前，市场占有率最高的品牌是真露烧酒。烧酒可直接饮用或冷藏后饮用，也有些人会加热来喝。在韩国，烧酒是搭配热炒、烤肉和海鲜菜肴的绝配。若用在料理中，主要用来去腥，增加风味。

韩国鱼露

　　韩国鱼露是用小黄鱼加盐腌渍而成，可增加料理的鲜味和咸度，在泡菜类料理中常会用到。也可用泰国鱼露代替，但泰国鱼露较咸，要加糖以调和咸度，提升甜味。

芝麻油

　　韩国芝麻油在料理中使用很广泛，是用100%白芝麻提炼出来的，香气特别浓郁。若没有韩国芝麻油，可选用中国的深焙黑芝麻油，具有相同的效果。

韩国梅子酱

　　含有梅子汁和糖，味道酸甜，本书中用于做珠葱（毛葱）泡菜。梅子酱也可以和水稀释泡成梅子汁。在韩国传统家庭甚至会自己酿造梅子酱。

糖稀

　　韩国人做菜喜欢带点甜味，也可让辣味更顺口，所以常会添加糖稀（从玉米或麦芽中提炼出的糖浆），也可让菜色带有光泽。可用更易买到的果糖代替，具有相同的效果。

韩国春酱

　　外观黑色，所以又称黑豆酱。它的味道很类似甜面酱，咸中带甜，是韩式炸酱面最重要的调味料。

白醋

　　白醋由米或糯米酿造而成，多用于增加酸度，特别是带酸味的凉拌菜。除了白醋，韩国人也习惯使用苹果醋。

酱油

　　韩国酱油在酿造时，最后入缸会加盐，所以味道比较咸。若无法取得，使用中式酱油即可，而腌菜和煮汤是用酱色较淡、较不咸的汤酱油，可使用薄盐酱油或白荫油。

做韩国料理的必备材料

韩国年糕

用糯米粉、黏米粉和水混合后揉成一团，再捏成长条蒸熟。做出来的年糕口感较弹，且本身没有味道，很适合用在各式料理中。还有像宁波年糕那样的圆片状年糕，多半用于年糕汤。

韩国粉条

韩国粉条是用红薯粉制成，跟绿豆粉条的口感不太一样，弹牙、耐煮，放凉食用依然很美味，最经典的韩国杂菜就是用粉条做的。分为宽粉和细粉条，料理前要泡水至软，泡热水较快。

韩国干荞麦面

做冷面要选用极细的干荞麦面才地道，口感特别弹牙，格外美味。

韩国鱼板

也可称韩国甜不辣，可以当主菜或配菜，如韩式鱼板汤、韩式辣煮鱼板、韩式辣炒年糕等。

韩国泡面

韩国泡面的面条有弹性，久煮不烂，可运用在料理中，如最经典的部队锅、韩式炒泡面。

韩国饭卷用海苔

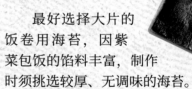

最好选择大片的饭卷用海苔，因紫菜包饭的馅料丰富，制作时须挑选较厚、无调味的海苔。

韩国泡菜

市面上有各种品牌的韩国泡菜，不要选择颜色太鲜艳的，因为发酵的食物放得越久颜色越深。若要做汤锅类，建议用腌渍半年以上的泡菜，煮出来的汤味道较香浓。炒的则可选用制作3个月的泡菜。

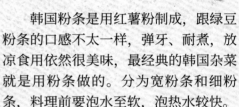

韩国煎饼粉

　　煎饼粉是已经调味好的预拌粉，只需添加喜欢的食材和水，拌匀即可煎熟。粉和水的比例可参考包装说明。也可以用中筋面粉、酥炸粉和鸡蛋调出面糊，书中P94~95海鲜煎饼有示范。

熟白芝麻

　　韩式料理中的凉拌菜和快炒菜常在起锅前加入烤熟的白芝麻，可以增加口感和香气。

干海带芽

　　干海带芽是韩国料理中常用到材料，可用于凉拌或煮汤，最经典的是凉拌海带芽，当小菜或作为石锅饭的配菜。韩国产的干海带芽是粗长条状，使用时可以剪成需要的大小并用水泡开。也不一定要选用韩国产的，以方便采购为宜。

生菜

　　韩国人吃烤肉时，习惯在生菜上放一块肉，再加一点泡菜、蒜片、辣椒或米饭，最后卷成一团来吃。这是韩国特有的"菜包肉"饮食方式。常会用到的是生菜、红叶生菜、白菜和紫苏叶等。

青阳辣椒

　　青阳辣椒是韩国当地生产的一种外观绿色的辣椒，辣度很高，在吃韩国烤肉时和生菜包肉片搭配吃。韩国人也会将其与泡面一起煮，让面中带有辣味。在一些超市能买到，若买不到也可用青辣椒代替。

海带

　　选购海带时要挑外观是深墨绿色，比较厚，表面布满白粉末的，煮出来的高汤会比较甘甜。另外，可轻拍白粉末，若容易拍散则表示海带没有受潮。保存时一定要密封好，放在干燥阴凉处。

小鱼干

　　韩国料理中常用小鱼干做高汤，小鱼干的品质会影响汤头的鲜美度，挑选时应找完整、具光泽感，闻起来有自然的香味，干爽不黏手的。用于高汤可选体型大一点的，而辣炒小鱼干则挑选小一点的，以免吃到鱼刺。

奶酪片、奶酪丝

　　在料理中放入奶酪片和奶酪丝，除了口感更浓郁，味道更有层次外，也可解辣，所以有些韩式料理如奶酪辣炒年糕、奶酪辣炒鸡、韩式奶酪汤拉面等都有加奶酪。若使用奶酪片，要选用无盐制品，以免影响味道。

做韩国料理前
必学的高汤

 # 海带小鱼高汤

材料（分量：1500毫升）

★ 海带40克

★ 丁香鱼干10只

★ 白萝卜300克 →去皮切薄片

★ 水2000毫升

1 用厨房纸巾沾点水，擦干海带表面附着的灰尘，放入冷水中，泡约30分钟至发，取出备用。

┈► 海带上面的白色粉末别冲洗掉，这是海带晒干后的甘露醇，是海带甘甜味的主要来源。

2 将丁香鱼干的头部切掉，从侧面往腹部切开，用刀尖挑出内脏备用。

┈► 丁香鱼干去除内脏后，熬煮的高汤就不会腥。

3 将水倒入锅中，放入泡发海带、丁香鱼干和白萝卜片，用中火煮滚。

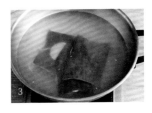

4 取出海带、丁香鱼干，再捞除上层的泡沫，用小火煮5分钟后，再取出白萝卜片即可。

牛骨高汤

材料（分量：1500毫升）

* ★牛大骨800克
* ★洋葱100克→去皮切大块
* ★葱段50克
* ★姜片50克
* ★水3000毫升

调味料

* ★韩国烧酒2大匙

\韩国菜/ 美味小贴士

＊煮高汤的烧酒也可用米酒代替。

1 牛大骨用清水洗3～4次至洗净后，泡在冷水中静置30分钟，取出冲洗后备用。

▶ 煮前泡冷水可让多余的血水释出，让高汤更鲜美。

2 将牛大骨放入冷水中，用中火煮约5分钟，取出牛大骨，清洗多余的杂质。

▶ 牛大骨汆烫可去除杂质，让熬煮的汤头更清澈。

3 将汆烫好的牛大骨放入另一锅冷水中，加烧酒、洋葱块、葱段和姜片，以大火煮滚转小火熬煮3.5小时，过滤其他材料，放凉后移入冰箱冷藏至隔天，撇去上面的油，即为牛骨高汤。

▶ 熬煮牛骨高汤时，加入烧酒、洋葱、葱段和姜片可除可去腥味，还可让高汤较清甜。

鸡骨高汤

材料（分量：1500毫升）

★ 鸡骨架800克
★ 洋葱100克→去皮切大块
★ 葱段50克
★ 姜片50克
★ 水2000毫升

调味料

★ 韩国烧酒2大匙

\韩国菜/
美味小贴士

※鸡骨高汤可加入10只鸡爪一起熬煮，
　熬出来的高汤胶质更丰富。

1 鸡骨架用清水洗3～4次至洗净后，泡在冷水中静置30分钟，等多余的血水释出，取出冲洗后备用。

2 将鸡骨架放入冷水中，用大火煮约5分钟，取出鸡骨架，清洗多余的杂质。

3 将汆烫好的鸡骨架放入另一锅冷水中，加烧酒、洋葱块、葱段和姜片，以大火煮滚转小火熬煮1小时。

4 过滤其他材料，放凉后移入冰箱冷藏至隔天，撇去上面的油，即为鸡骨高汤。

猪骨高汤

材料（分量：2000毫升）

★ 猪大骨800克
★ 洋葱100克→去皮切大块
★ 葱段50克
★ 姜片50克
★ 水3000毫升

调味料

★ 韩国烧酒2大匙

 \韩国菜/
美味小贴士

※猪大骨汆烫可去除猪骚味，并去除骨头中的杂质，熬出来的高汤也会较清澈。

1 猪大骨用清水洗3～4次至洗净后，泡在冷水中静置30分钟，等多余的血水释出，取出冲洗后备用。

2 将猪大骨放入水中，用中火煮约5分钟，取出猪大骨，清洗多余的杂质。

3 将汆烫好的猪大骨放入另一锅冷水中，加烧酒、洋葱块、葱段和姜片，以大火煮滚转小火熬煮2小时。

4 过滤其他材料，放凉后移入冰箱冷藏至隔天，撇去上面的油，即为猪骨高汤。

韩国最受欢迎的
10道
街头小食

韩式生腌鱿鱼

人·气·指·数

材料（分量：3人份）

★ 生鱿鱼300克

→ 去除表面皮膜及内部软骨后，切成圈状和条状

★ 烤白芝麻1克

调味料

Ⓐ 葱末15克
蒜末20克
姜末10克

Ⓑ 韩国烧酒50毫升
韩国辣椒酱60克
韩国辣椒粉2大匙
细砂糖1大匙
芝麻油1大匙

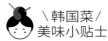
\ 韩国菜 /
美味小贴士

＊这道是生食，建议最好使用生食级的鱿鱼来制作。

1 取一干燥容器，放入所有调味料Ⓐ和Ⓑ，用打蛋器拌匀。

2 放入鱿鱼条后拌匀，移入冰箱腌渍5～6小时，食用前加入白芝麻。

 \韩国菜/
美味小贴士　＊这道吃生鲜，要挑选
生食级的鲜虾。

韩式腌酱虾

♥♥♥♡♡
人·气·指·数

材料（分量：6人份）

* ★草虾500克
* ★柠檬40克→切片
* ★红辣椒末15克
* ★青阳辣椒末15克

调味料

Ⓐ 韩国烧酒90毫升
　酱油300毫升
　细砂糖2大匙
　水1000毫升

Ⓑ 干辣椒圈10克
　干香菇3朵
　洋葱丝半颗
　苹果片60克
　蒜瓣40克
　红枣7颗
　甘草2片
　葱段10克
　姜片30克
　泡发的海带10克

1-1　1-2　1-3

1 将虾剪去尖锐处，虾背用剪刀剪开，用牙签挑去虾线，洗净后沥干。

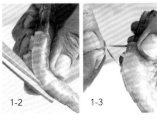

2 深锅中放入所有调味料Ⓐ和Ⓑ，以大火煮滚后转中火熬煮约30分钟，过滤酱汁，待凉备用。

3 将虾放入深盘中，铺上柠檬片及2种辣椒末，倒入做法**2**的酱汁，移至冰箱冷藏1天至入味即可。

韩式炸鸡

人·气·指·数

韩国人吃鸡肉原本都是用煮的方式，到20世纪60年代开始出现贩售烤鸡，而在20世纪80年代美式炸鸡打入韩国市场，因为鸡肉比牛肉和猪肉便宜，成为平民喜爱的美食，慢慢演变成韩国特有的炸鸡。

材料（分量：2~3人份）

★ 去骨鸡腿肉（或不去骨）300克→切块状
★ 生腌萝卜50克（做法见P72~73）

调味料

Ⓐ **腌料** I 酱油1大匙、韩国烧酒50毫升、黑胡椒粗粒1小匙、盐1小匙、蒜末10克
Ⓑ **炸粉** I 高筋面粉50克、玉米粉50克、芝麻油4大匙、熟白芝麻5克
Ⓒ **酱汁** I 韩国辣椒酱40克、细砂糖50克、蜂蜜35克、熟白芝麻5克

---

1 容器中放入所有的调味料Ⓐ混合，再放入鸡块，用手抓匀，腌30分钟。

3 炸油开大火加热至油温160℃，放入裹好粉的鸡块，转中火炸至外观金黄色，捞起沥干油。

5 所有调味料Ⓒ混合均匀，倒入炸鸡块中，拌至酱汁附着于炸鸡上，可搭配生腌萝卜食用。

2 加入高筋面粉、玉米粉抓匀，再加入芝麻油抓匀，最后加入白芝麻抓匀。

┈▶ 韩式炸鸡的外皮酥脆，才容易裹上酱汁；炸粉用高筋面粉和玉米粉混合，可达到酥脆的效果。

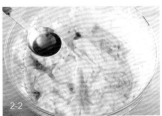

4 原锅改用大火加热至180℃，再放入炸鸡块，炸约1分钟至外表酥脆，捞起沥干油。

┈▶ 炸鸡经过二次回炸，可以逼出肉内的炸油，增加酥脆度。

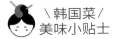

\ 韩国菜 /
美味小贴士

＊喜欢原味则可不蘸裹酱汁，直接吃。

韩式炸粉条海苔卷

人气指数

这是韩国路边摊常见的小吃，韩式海苔中包炒香的粉条，裹粉炸好，可当点心，韩国人喜欢和辣炒年糕搭配一起吃，可蘸辣炒年糕的酱，也可另外调酱蘸食。

材料（分量：8个）

* 韩国粉条70克
* 饭卷用大海苔4张
* 洋葱100克→去皮切丝
* 胡萝卜60克→去皮切丝

调味料

Ⓐ 芝麻油2大匙、水50毫升、酱油2大匙、细砂糖1小匙

Ⓑ **粉浆** | 天妇罗粉150克、咖喱粉5克、水120克

Ⓒ **蘸酱** | 酱油2大匙、苹果醋2大匙、果糖1大匙、芝麻油1小匙

1 将粉条泡水约30分钟至软，放入滚水用中火煮约5分钟，捞起沥干后剪成小段。

2 将一大张海苔用剪刀剪成2等份。

3 热锅倒入芝麻油，放入洋葱丝用中火炒出香味，再放入胡萝卜丝和水炒至略软，加入粉条、酱油和糖，续炒至粉条入味，取出待凉。

┈┈▶ 炒好的料要放凉后再包，较容易定形。

4 将粉浆的材料调成粉浆；取适量炒粉条放在海苔上，三边蘸上粉浆，从前端顺势卷成圆柱状，两侧用粉浆收口。

5 海苔卷裹上粉浆后，放入油温180℃的油锅中，用中火炸1分钟至微金黄，捞起沥干油，搭配拌好的蘸酱食用即可。

┈┈▶ 海苔卷要用高油温炸，面糊才容易定形。

\ 韩国菜 /
美味小贴士

＊海苔要放至略软，才好包裹，不然包卷时很容易裂开。

＊传统的炸粉条海苔卷两边不收口，这里有收口比较好炸，适合家庭操作。

炸年糕

♥♥♥♥♥♥
人·气·指·数

材料（分量：4人份）

★ 韩国年糕条250克
★ 海苔酥10克

调味料

Ⓐ **蘸酱 l** 蜂蜜2大匙、韩国辣椒酱2大匙、细砂糖1大匙、
芝麻油1小匙、蒜末15克、熟白芝麻1小匙

Ⓑ 淀粉2大匙

1 所有调味料Ⓐ放入大碗中，搅拌均匀。

1-1

1-2

2 年糕条放入滚水中，用中火煮至软、外观膨起，捞起沥干，放凉备用。

┈▶ 年糕条要先煮软再炸，炸出来的口感才会内软外酥。

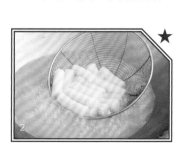

2 ★

3 年糕条用竹扦串好，表面裹上薄薄一层淀粉。

┈▶ 年糕条放入油锅炸前，表面裹上一层淀粉，才不会吸油。

3-1

3-2 ★

4 炸油加热至160℃，慢慢放入年糕串，用中火炸至外观酥，捞起沥干油。

4

5 将炸年糕表面蘸裹上酱料，再放上海苔酥即可。

5

\韩国菜/
美味小贴士

＊炸年糕可做成很多口味，也可单纯涂上蜂蜜食用。

酥炸奶酪鸡肉饺

人·气·指·数

材料（分量：8颗）

★ 水饺皮16片
★ 鸡胸肉100克→切丁
★ 洋葱30克→去皮切丁
★ 红椒20克→切丁
★ 黄椒20克→切丁
★ 奶酪片2片→切1/4片

调味料

★ 黄油30克
★ 盐1小匙

1 炒锅开小火，放入黄油，待黄油融化，放入切丁的材料，用中火拌炒至熟，再加盐调味，放凉。

┈┈▶ 炒好的馅料要放凉，以免一放到奶酪片上就会使奶酪片融化，不容易包成水饺。

1-1

1-2 ★

2 取一片水饺皮，先放上奶酪片，再放上做法1炒好的馅料。

2-1

2-2

3 水饺皮外围蘸水，再盖一片水饺皮，轻轻压紧。

┈┈▶ 包水饺时，周围蘸水不要蘸太多，以免面皮破掉。

3-1

3-2

4 用手折叠水饺皮使其密合，依次包完所有水饺。

4-1

4-2

5 炸油开大火加热至油温160℃，放入水饺，转中火炸至表面呈金黄色，捞起沥干油。

5-1

5-2

辣炒年糕 ♥♥♥♥♡
人·气·指·数

有一种说法是从中国传入同样以农立国的朝鲜，当时是朝鲜君王每逢正月必尝的料理。
是朝鲜宫廷料理中的菜色，刚开始仅是以蔬菜和肉拌炒，后来才加入辣椒酱提味。
而现在的辣炒年糕已经发展出不同的口味，如加入水煮蛋、香肠、奶酪、泡面、海鲜等，
也成为街头美食的代表。

材料（分量：2人份）

* ★韩国年糕条250克
* ★韩国鱼板50克→切片
* ★水煮蛋1个→切对半
* ★洋葱30克→去皮切丝
* ★葱段20克
* ★蒜末10克
* ★熟白芝麻5克

调味料

Ⓐ 韩国辣椒酱3大匙
　韩国辣椒粉1大匙
　薄盐酱油露1大匙
　细砂糖1大匙
　芝麻油1小匙

Ⓑ 水150毫升

\ 韩国菜 /
美味小贴士

＊韩国年糕条以米制
成，不粘牙，嚼劲十
足，料理前要先用滚
水烫到浮起至膨胀软
化后，再拌炒会比较
容易入味。

1 年糕条放入滚水中，
用中火煮4分钟至软，
至外观膨起，捞起沥
干备用。

2 热锅，倒入1大匙色拉
油，先放入洋葱丝、
葱段和蒜末，用小火
炒出香味，再放入辣
椒酱转中火炒匀。

3 放入其他调味料炒
匀，加入水、年糕条
和鱼板片炒匀，煮约3
分钟至滚后起锅，放
入水煮蛋，撒上白芝
麻即可。

韩式鱼板汤

人·气·指·数

韩式鱼板汤是韩国著名的街头小吃之一，
冬天会看到很多人站在路边或摊贩前吃着一串串的鱼板，
再配上热腾腾的汤。
它跟日本的关东煮的做法很类似，
把韩国特有的鱼板放入海带小鱼高汤中煮，
非常鲜美好吃。

材料（分量：4人份）

Ⓐ 韩国鱼板150克→对切
Ⓑ 海带15克
　　→用厨房纸巾蘸点水，擦干
　　　净表面附着的灰尘
　　小鱼干10克
　　白萝卜50克→去皮切片
　　葱花30克
　　蒜末10克

调味料

Ⓐ 水1500毫升
Ⓑ 薄盐酱油2大匙
　　盐1小匙
　　白胡椒粉少许

1 海带放入冷水中，泡约30分钟至发，取出备用。

2 小鱼干放入干锅中，用小火炒约2分钟关火，取出。

┈┈▶ 小鱼干用干锅炒过，可增加香气，也可事先去除内脏（做法见P23），汤头会更鲜美。

3 汤锅中放入水，再放入所有材料Ⓑ，以大火煮滚后转小火煮25分钟，取出500毫升倒入陶锅中。

4 将鱼板片用竹扦一片一片串起。

5 将陶锅中的高汤用小火煮滚，放入做法4的鱼板串，煮3～5分钟，加调味料Ⓑ调味即可。

韩式糖饼

人·气·指·数

材料（分量：8个）

Ⓐ 酵母粉4克、40℃温水200毫升

Ⓑ 高筋面粉200克→和糯米粉一起过筛
糯米粉100克、细砂糖20克、盐3克、玉米油（或色拉油）15克

Ⓒ **内馅 |** 红糖40克、黑糖50克、肉桂粉1/4小匙、综合坚果30克

1 酵母粉和温水拌匀成酵母水；材料**B**依序放入调理盆中，分2～3次加入酵母粉水，先用打蛋器拌成团，再用手揉成面团。

····▶ 拌面团时，酵母水不用一次全加完，可视面团软硬度分次加入。

2 面团盖上保鲜膜，放在温暖处发酵约1小时，至面团膨胀到2倍大即可。

3 将所有材料**C**放入大碗中，拌匀成内馅。

4 将发酵完成的面团取出后，用双手来回搓揉出空气，再用切面刀分割成8等份。

5 小面团分别擀成厚度0.2厘米的片状，先用直径约10厘米的大碗压住面皮，再用汤匙画出圆形。

6 每份面皮包入约20克的内馅，拉起面皮边缘，折叠包好，收口朝下，压平，表面裹上一层面粉。

7 热油锅，将包好的糖饼放入平底锅中，用中小火以半煎炸的方式，煎至一面金黄色后翻面，再煎至两面金黄即可。

 ＼韩国菜／美味小贴士 ＊此面团会粘手，制做过程可随时蘸面粉当手粉，较好操作。

韩式鸡蛋糕

鸡蛋糕是在韩国冬天随处可见的一种街头小吃，
最特别的是蛋糕的中央有一颗完整的金黄鸡蛋，
吃起来口感松软，甜中带咸！

材料（分量：2个）

A 低筋面粉60克→和泡打粉一起过筛
　泡打粉20克、细砂糖35克、融化的黄油35克、牛奶55克

B 鸡蛋3个、奶油少许

---

1 将材料 A 依序放入调理盆中，用打蛋器拌匀，再加入1个鸡蛋，拌至无颗粒状。

1-1

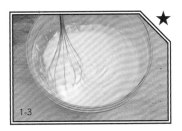

1-2

1-3 ★

2 烤盘刷上黄油，铺上烘焙纸，倒入面糊，双手扶着烤盘在桌面轻敲数下。

┄┄▶ 烤盘在桌面上轻敲数下，可敲出面糊中的空气，烤好的蛋糕组织会较平整。

2

3 烤箱预热200℃，放入面糊，烤约25分钟即可取出。

3

4 用中空圈模压切出2个深度约2厘米的圆形后，倒入鸡蛋。

4-1

4-2

5 放入烤箱中，用200℃烤20分钟，取出后切掉四边多余的蛋糕，即可。

5-1

5-2

餐餐必吃的30道
韩式开胃小菜

凉拌豆芽菜

（分量：约300克）
（保质期：冷藏2天）

 人·气·指·数

材料

- ★ 豆芽菜300克
- ★ 蒜泥15克

调味料

- ★ 白醋1大匙
- ★ 细砂糖1大匙
- ★ 盐1小匙
- ★ 芝麻油1大匙

1 将豆芽菜放入滚水中，用小火煮3分钟，取出放入冰开水中泡凉，捞起沥干。

2 取一干燥容器，放入所有调味料拌匀，再放入豆芽菜、蒜泥拌匀，即可。

\韩国菜/
美味小贴士

- ※ 豆芽菜放入滚水中煮，可去除豆腥味。

- ※ 若要做辣拌黄豆芽，此分量材料中再加入1大匙辣椒粉。

凉拌海带根

（分量：约300克）
（保质期：冷藏2天）

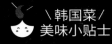 人·气·指·数

材料

* 海带根300克
* 辣椒末10克
* 姜丝10克

调味料

* 酱油2大匙
* 白醋2大匙
* 细砂糖2大匙
* 芝麻油2小匙

1 海带根放入滚水中煮1分钟后，取出沥干。

2 取一干燥容器，放入所有调味料拌匀，放入汆烫的海带根、辣椒末和姜丝拌匀，放约1小时至入味，即可。

\ 韩国菜 /
美味小贴士

＊海带根要趁热时拌调味料，较容易入味。

韭菜
拌海苔

（分量：约200克）

（保质期：冷藏2天）

♥♥♥♥♥ 人·气·指·数

凉拌
龙须菜

（分量：约300克）

（保质期：冷藏1天）

♥♥♥♥♥ 人·气·指·数

凉拌
黑木耳丝

（分量：约350克）

（保质期：冷藏1天）

♥♥♥♥♥ 人·气·指·数

材料

★ 韭菜200克
　　→去根部、切段
★ 海苔丝5克

调味料

★ 韩国辣椒酱40克
★ 韩国鱼露1大匙
★ 细砂糖1大匙
★ 韩国辣椒粉2小匙
★ 蒜末20克
★ 芝麻油1大匙

1 将韭菜段放入滚水中，用大火烫熟，捞起沥干，放入冰开水中冰镇，捞起沥干。

2 取一干燥容器，放入所有调味料拌匀，放入韭菜段和海苔丝，再次拌匀即可。

 ＼韩国菜／
美味小贴士　　※海苔丝要最后放，可避免软掉；也可以在最后拌入1小匙的熟白芝麻。

材料

★ 龙须菜300克
　　→切除较老的部位后切段
★ 姜丝20克

调味料

Ⓐ 盐1大匙
　色拉油少许
Ⓑ 芝麻油40毫升
　盐1小匙

1 滚水中放入盐和色拉油后，再放入龙须菜段，用大火煮熟，取出放入冰开水中泡凉，捞起沥干。

2 取一干燥容器，放入所有调味料Ⓑ拌匀，再放入龙须菜段和姜丝拌匀，即可。

 ＼韩国菜／
美味小贴士

※煮龙须菜时要先放梗，再放叶片，熟度才会一致。

※龙须菜煮好泡入冰水中，除可避免继续熟成，保持颜色翠绿外，也可保持脆度。

材料

★ 新鲜黑木耳300克→切丝
★ 姜丝20克
★ 红辣椒10克→去蒂头、切丝

调味料

★ 酱油50毫升
★ 乌醋2小匙
★ 细砂糖1大匙
★ 芝麻油1大匙

1 将黑木耳丝放入滚水中，用中火煮约3分钟，取出放入冰开水中泡凉，捞起沥干。

2 取一干燥容器，放入所有调味料拌匀，再放入黑木耳丝、姜丝和辣椒丝，放1小时至入味，即可食用。

 ＼韩国菜／
美味小贴士　　※黑木耳丝煮熟后泡冰水，可让其具有一定脆度。

辣拌菠菜

（分量：约300克）
（保质期：冷藏1天）

♥♥♥♥♡
人·气·指·数

材料

★ 菠菜300克
→去根部、切段
★ 蒜末5克
★ 熟白芝麻1小匙

调味料

★ 韩国辣椒酱40克
★ 韩国鱼露1大匙
★ 果糖1大匙
★ 凉开水2大匙
★ 芝麻油1大匙

1 将菠菜段放入滚水中，用大火烫约1分钟至熟，捞起后放入冰开水中泡凉，取出，用手挤干水分。

2 取一干燥容器，放入所有调味料拌匀，放入菠菜段和蒜末，拌匀后腌渍约10分钟，再放入熟白芝麻即可。

\韩国菜/
美味小贴士

※菠菜放入滚水中煮，先放梗再放叶片，熟度才会一致。

辣拌小黄瓜

（分量：约200克）
（保质期：冷藏3天）

♥♥♥♥♡
人·气·指·数

材料

★小黄瓜2条
　→去蒂头、切段
★洋葱50克
　→去皮切丝
★蒜末15克

调味料

Ⓐ 盐1大匙
Ⓑ 韩国辣椒酱20克
　 韩国辣椒粉20克
　 白醋2大匙
　 酱油1大匙
　 细砂糖1大匙
　 凉开水25毫升
　 芝麻油2大匙

1 小黄瓜段加入盐，用双手抓出水分，沥干盐水，再用凉开水冲去盐分，沥干。

2 洋葱丝泡在冰开水中10分钟，沥干备用。

3 取一干燥容器，放入调味料Ⓑ拌匀，再放入小黄瓜段、洋葱丝和蒜末，拌匀后腌渍约3小时即可。

\ 韩国菜 /
美味小贴士

＊小黄瓜也可先拍裂，再切成2～4等份，可附着较多酱汁。

＊洋葱泡冰水可去除辛辣味。

辣拌茄子

（分量：约250克）
（保质期：冷藏1天）

人·气·指·数

材料

* 茄子250克
  →去蒂头、切小段
* 葱花20克
* 蒜末10克
* 辣椒末10克

调味料

* 酱油1大匙
* 凉开水2大匙
* 韩国辣椒粉25克
* 细砂糖2大匙
* 芝麻油2大匙

1　将茄子段放入滚水中，用滤网压到水面下，用大火煮约3分钟至熟，取出后放入冰开水泡凉，捞出备用。

2　取一干燥容器，放入所有调味料、葱花、蒜末和辣椒末拌匀，放入煮熟的茄子，再次拌匀，移入冰箱冷藏2～3小时至入味。

\韩国菜/
美味小贴士　茄子容易氧化变色，若切好10分钟内没有下锅，可先泡醋水以减缓氧化速度。煮的过程为避免变色，要用重物压到水面下，可维持漂亮的紫色。

凉拌杏鲍菇

（分量：约200克）
（保质期：冷藏1～3天）

♥ ♥ ♥ ♥ ♥
人·气·指·数

材料

★ 杏鲍菇200克
→切滚刀块

调味料

★ 海带酱油1大匙
★ 乌醋1大匙
★ 盐1/2小匙
★ 芝麻油2小匙

1　将杏鲍菇块放入滚水中，用大火煮约5分钟至熟，取出沥干，放凉备用。

2　取一干燥容器，放入所有调味料拌匀，放入煮熟的杏鲍菇块，再次拌匀，移入冰箱冷藏2～3小时至入味。

凉拌海带芽

（分量：150克）
（保质期：冷藏3天）

人·气·指·数 ♥♥♥♥♥

材料

* 干燥海带芽30克
* 洋葱50克
  → 去皮切丝
* 蒜末10克
* 熟白芝麻2小匙

调味料

* 白醋4大匙
* 味酥1大匙
* 酱油1大匙
* 细砂糖2大匙
* 芝麻油3大匙

1 洋葱丝泡在冰开水中10分钟，沥干备用。

2 干燥海带芽放入冷水中，泡约15分钟至开，取出备用。

3 取一干燥容器，放入所有调味料拌匀，再放入泡发的海带芽、洋葱条和蒜末，搅拌均匀，撒上熟白芝麻，即可。

＼韩国菜／
美味小贴士

＊洋葱泡冰水可去除辛辣味。

＊海带芽拌好即可食用，也可放在保鲜盒冷藏后再吃，更美味。

辣酱土豆

（分量：约350克）
（保质期：冷藏3天）

❤❤❤❤❤
人·气·指·数

材料

★ 土豆2个
　→去皮、切滚刀块

★ 海带5克
　→用厨房纸巾蘸点
　　水，擦干净表面
　　附着的灰尘

★ 葱段20克

★ 蒜末15克

★ 熟白芝麻1小匙

调味料

★ 韩国辣椒酱2大匙

★ 酱油25克

★ 果糖1大匙

★ 细砂糖1大匙

★ 韩国辣椒粉1大匙

★ 白胡椒粉1/4小匙

★ 芝麻油20克

★ 水1500毫升

1　海带放入冷水中，泡约30分钟至发，取出备用。

2　热锅，倒入2大匙色拉油，放入土豆块，用中火煎至表面上色。

3　续加入所有调味料、泡发海带，开大火煮滚转小火煮15分钟，放入葱段和蒜末，煮约8分钟至熟软度后熄火，取出海带，撒上熟白芝麻。

＼韩国菜／　＊土豆烧煮前，用油煎
美味小贴士　　过，香气较足。

 # 酱烧萝卜

(分量：约300克)
(保质期：冷藏3天)

人·气·指·数

材料

* ★ 白萝卜300克
  → 去皮、切滚刀块
* ★ 姜末10克
* ★ 葱段20克
* ★ 八角2颗

调味料

* ★ 韩国烧酒25毫升
* ★ 酱油50毫升
* ★ 蚝油1大匙
* ★ 冰糖1大匙
* ★ 芝麻油2小匙
* ★ 水800毫升

1 将白萝卜块放入滚水中汆烫后，取出沥干。

2 热锅，倒入2大匙色拉油，放入姜末、葱段和八角，用小火爆香，再放入白萝卜块拌炒均匀，加入烧酒炒拌过，再放入其他调味料。

3 续用大火煮滚后转小火，煮到材料软透，留少许酱汁盛盘即可。

 \韩国菜/
美味小贴士

＊白萝卜用滚水汆烫，可杀青和去苦涩味。

土豆泥沙拉

（分量：300克）
（保质期：冷藏2天）

♥♥♥♥♥
人·气·指·数

材料

* ★土豆250克→去皮切片
* ★胡萝卜30克→去皮切丁
* ★小黄瓜30克→切丁
* ★水煮蛋1个→切丁

调味料

* ★蛋黄酱50克
* ★动物性鲜奶油40克
* ★盐1/4小匙

1 土豆片放入汤锅中，倒入盖过土豆片的水，用大火煮滚转中火煮约6分钟，直到土豆熟，取出趁热用汤匙背压成泥状。

2 胡萝卜丁放入滚水中煮熟，放凉。

3 将所有切丁的食材、蛋黄酱和土豆泥拌匀，再加入鲜奶油和盐拌匀，即可。

 ＼韩国菜／
美味小贴士

＊土豆要趁热压成泥，比较松软好压。

＊动物鲜奶油是用来调整软硬度的，不用一次全部加入。

＊土豆泥沙拉拌好即可食用，也可放入冰箱冷藏2小时，更入味和好吃。

韩式辣炒小鱼干

（分量：约150克）
（保质期：冷藏3～4天）

♥♥♥♥♥ 人·气·指·数

材料

★小鱼干120克

★蒜末20克

★红辣椒10克
→去蒂去籽、切圆片

★熟白芝麻2克

调味料

★芝麻油1大匙

★细砂糖3大匙

★白醋2大匙

★韩国烧酒1大匙

1 将小鱼干放入锅中，以小火干炒约2分钟关火，取出。

2 原锅倒入芝麻油，放入蒜末以小火爆香后，再加入辣椒圈拌炒出香味。

3 续加入小鱼干和其余的调味料，炒至酱汁收干，起锅前加入熟白芝麻，拌炒均匀即可。

韩式牛蒡

（分量：约150克）
（保质期：冷藏2天）

♥♥♥♥♥ 人·气·指·数

材料

★牛蒡100克
→去除外皮、切约5厘米长的粗丝

★熟白芝麻1小匙

1 将牛蒡丝泡入调味料Ⓐ泡成的醋水中。

2 将调味料Ⓑ煮滚转小火，放入牛蒡丝，续煮约12分钟至上色，取出放凉，撒上熟白芝麻即可。

调味料

Ⓐ 水500毫升、白醋3大匙

Ⓑ 韩国烧酒50毫升、酱油3大匙
细砂糖3大匙、芝麻油1大匙
水300毫升

＼韩国菜／
美味小贴士

＊牛蒡容易氧化变黑，切好后要立刻泡醋水，可防止变色。

卤鹌鹑蛋

（分量：20颗）
（保质期：冷藏2天）

 人·气·指·数

材料

Ⓐ 熟鹌鹑蛋20个

Ⓑ 海带5克
→用厨房纸用蘸凉水，擦干净表面附着的灰尘

洋葱1/4个 →去皮切片

红辣椒1/2根
→去带头，切斜片

小葱段1根

调味料

★ 酱油60毫升

★ 韩国烧酒50毫升

★ 冰糖2大匙

★ 水500毫升

1 海带放入冷水中，浸泡约30分钟至发，取出备用。

2 将鹌鹑蛋放入滚水中氽烫备用。

3 将所有材料Ⓑ和调味料煮滚，放入鹌鹑蛋，转小火卤约30分钟，浸泡2小时即可。

韩式辣煮鱼板

（分量：4人份）
（保质期：冷藏2天）

人·气·指·数

材料

★ 韩国鱼板4大片
→切片

调味料

★ 韩国辣椒酱50克

★ 细砂糖2大匙

★ 水300毫升

滚水中加辣椒酱和糖一起煮滚，再加入鱼板片，用中火煮约10分钟，即可。

＼韩国菜／
美味小贴士

＊若喜欢味道更重，可再增加韩国辣椒酱20克。

拔丝地瓜和拔丝芋头

（分量：2人份）
（保质期：现炸现吃）

♡ ♡ ♡ ♡ ♡
人·气·指·数

材料

★ 地瓜200克→去皮、切滚刀块
★ 芋头200克→去皮、切滚刀块
★ 熟白芝麻1小匙

调味料

★ 细砂糖200克
★ 水70毫升

---

1 炸油用大火加热至160℃，分别放入地瓜块和芋头块，转中火炸约5分钟，至地瓜和芋头用筷子可刺穿，捞起沥油备用。

1-1

1-2

2 锅中加入细砂糖和水，用小火煮至泡泡变小、糖融化，用汤匙拉起可拉出糖丝，备用。

▶ · 开始煮糖和水，因里面的水分很多，泡泡会很大，当水分蒸发，泡泡就会变小。

· 炒糖过程不要搅拌，搅拌容易使锅边烧焦而影响糖色。

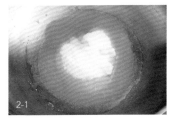

2-1

2-2

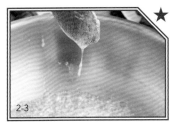

2-3

3 分别放入炸地瓜块和炸芋头块，快速拌匀取出，浸一下冰水，立刻取出盛盘，撒上熟白芝麻即可食用。

▶ 桌上要先准备好1碗冰水，冰水可让糖衣瞬间冻结，口感更脆。

3-1

3-2

韩国人的最爱——泡菜

　　从"泡菜是半个粮食"的俗语中，就能知晓泡菜在韩国人心中的地位。而泡菜的历史可以追溯到3000年前的中国，并在三国时代传到朝鲜，其后随着时间的推移，制作方式也不断改变。到了朝鲜王朝时代，白菜和辣椒传入韩国，开始普遍以整颗白菜和辣椒粉制作泡菜，也就是目前大家所熟知的泡菜形式。

　　泡菜的地位之所以如此之高，和韩国地处高纬度有关。因冬季寒冷又漫长，人们为了应对土地被白雪覆盖长不出蔬果的时节，便在秋天蔬菜采收时，将蔬菜用盐腌渍，使蔬菜中的水分渗出，使其有咸味，并产生防腐抑菌作用，洗净后加上葱、姜、蒜、辣椒粉，甚至还会放入虾酱、鱼露，搅拌后均匀抹在每层叶片上，最后依次放入坛子中发酵，作为冬季食用的蔬菜。后来，这样的饮食制作形式也成为韩国传统的饮食文化。

　　而韩国泡菜的种类也相当多元，目前若按材料区分就有将近200种，包括白菜、萝卜、黄

瓜、小萝卜或其他蔬菜，乃至海藻类等都有。且不但有使用红椒粉的辣式泡菜，也有用水梨、姜、糖等做成的水泡菜等，形式则有泡菜叶、泡菜块、咸菜、腌菜类等。

　　泡菜富含多种微量元素，且发酵后产生的酸味乳酸菌可抑制肠道内其他有害菌的增生，而腌渍时所加入的辣椒、蒜、姜、葱也能杀菌，并且具有促进消化酶分泌的作用。甚至有研究还指出，常吃泡菜可以预防便秘与肠道疾病，甚至可以降低胆固醇与脂肪。因此，泡菜曾被美国健康专业杂志Health评为世界五大健康食品之一。

　　也正因为泡菜在韩国人心中如此重要，所以几乎家家户户都会自制泡菜，全家老小一起帮忙，故也成为一年之中最重要的家庭活动之一。不但储备了过冬的食物，也能增进家庭成员的关系。甚至，现在每个韩国家庭都有一个专门放置泡菜的冰箱呢！虽说韩国人十分喜爱泡菜，但也还是有一些韩国人是不爱吃泡菜的！

韩式泡菜

（分量：约1500克）

（保质期：冷藏2～3星期）

人气指数

正统的韩式泡菜腌渍的方式有两种：一种是用整颗大白菜，将腌料放入一层一层的叶片中；另一种是切好再拌入腌料。

材料

Ⓐ 山东大白菜
(约2千克) 1棵
→外围较大叶的白菜先
从中间切开，再切成
块状；小叶可直接切

Ⓑ 老姜80克
→去皮切块
大蒜100克
→剥去外皮
苹果100克
→去皮切大块
水梨100克
→去皮切大块

Ⓒ 胡萝卜100克
→去皮切丝
葱段100克

调味料

Ⓐ 盐100克

Ⓑ 韩国鱼露2大匙
韩国辣椒粉150克
细砂糖130克

1 将山东大白菜片均匀地撒上盐，静置3～4小时，期间大约要翻动3次。

┈┈▶ 盐可帮助大白菜脱水，脱水后调味料的味道才会进去。

2 将软化的大白菜片用自来水冲洗30分钟，再用凉开水冲洗掉盐分，沥干。

┈┈▶ 软化的大白菜要用凉开水冲掉盐分，腌好的泡菜才不会过咸。

3 将材料Ⓑ全部放入果汁机打成泥后，倒入做法**2**的大白菜中，加入胡萝卜丝、葱段和调味料Ⓑ。

4 搅拌均匀，封上保鲜膜，室温静置发酵4～6小时，移至干净的玻璃瓶中，放入冰箱冷藏8小时至1天，即可食用。

┈┈▶ 泡菜会持续发酵，腌渍过程会慢慢跑出空气，所以放泡菜的玻璃瓶不要放太满，瓶盖也不要拧紧。

\ 韩国菜 /
美味小贴士

＊最好选用山东大白菜，梗比较薄，口感清脆，较适合做成泡菜。

＊苹果泥和水梨泥都可帮助发酵，增加香气。

珠葱泡菜

（分量：约200克）
（保质期：冷藏1星期）

在韩国，泡菜的种类很多，其中葱泡菜是南部地区常做的一种泡菜，一般使用小葱或珠葱，刚开始吃会有一点辣，腌到一定熟度后就不会辣了。腌渍时可放盐等进行脱水，或加入盐用手抓出水分。

材料

★ 珠葱200克

　→剥去外皮，摘除不新
　　鲜的叶，切去根部，
　　保留完整状

★ 蒜末20克

★ 姜末15克

调味料

Ⓐ 盐1小匙

Ⓑ 水120毫升
　糯米粉1大匙

Ⓒ 韩国梅子酱2大匙
　韩国鱼露1大匙
　韩国辣椒粉25克
　韩国辣椒酱1大匙

3 糯米水中加入蒜末、姜末和调味料Ⓒ，拌匀静置30分钟。

▶ 加入糯米水是为了帮助发酵，让酱汁带有黏性，拌好先放置30分钟，让腌酱更入味。

---

1 珠葱加入盐，用手抓出水分，沥干盐水，再用凉开水冲去盐分，沥干备用。

\韩国菜/
美味小贴士

＊珠葱跟一般葱相比较，
　较小棵，葱叶细长，头
　呈球状，味道温和、不
　辛辣，可用来做泡菜。

2 将水和糯米粉放入锅中，用小火煮，持续用打蛋器搅拌至滚开，熄火，继续搅拌成糯米水，放凉备用。

▶ 煮糯米水要持续搅拌，以免煮焦。

4 将做法3的腌酱放入珠葱中拌匀，室温下放置1天，再移入冰箱冷藏1天即可食用。

▶ 先在室温下发酵，等发酵好再移入冰箱冷藏。

腌渍洋葱

（分量：约300克）
（保质期：冷藏2天）

 人·气·指·数

材料

* ★ 洋葱300克
  → 切大块，去除中间的芯
* ★ 话梅4颗
* ★ 大蒜50克
  → 去皮、切小块
* ★ 红辣椒1根
  → 去蒂头、切斜片

调味料

* ★ 酱油200毫升
* ★ 韩国烧酒50毫升
* ★ 细砂糖180克
* ★ 凉开水200毫升

1 将所有调味料放入锅中，用小火边煮边搅拌，煮至沸腾后熄火、放入话梅。

2 洋葱块、大蒜块和辣椒片放入玻璃保鲜盒，马上倒入做法1的酱汁，放凉即可食用。

\韩国菜/
美味小贴士

＊酱汁趁热倒入，较容易入味。

醋渍洋葱

（分量：约300克）
（保质期：冷藏2天）

人·气·指·数

材料

* ★ 洋葱300克
  → 去皮切圈
* ★ 熟白芝麻2小匙

调味料

* ★ 细砂糖100克
* ★ 白醋100克

1 洋葱圈加入糖，用双手抓到出现黏液。

▶ 用糖抓出洋葱里的水分，味道才会进去。

2 续加入白醋拌匀，再加入熟白芝麻，即可。

醋拌白菜

（分量：约300克）
（保质期：冷藏3天）

 人·气·指·数

材料

* 大白菜300克→横切片
* 红辣椒1根→去蒂头、切菱形片
* 蒜碎10克

调味料

A 盐1小匙
B 细砂糖2大匙、白醋3大匙

1 大白菜片加入盐，用双手抓出水分，沥干盐水，再用凉开水冲去盐分，沥干。

2 将大白菜片、辣椒片、蒜碎和调味料B拌匀，腌渍至少3小时即可。

 生腌萝卜

（分量：约500克）

（保质期：冷藏5天）

♥♥♥♥♥ 人·气·指·数

辣腌萝卜

（分量：约500克）

（保质期：冷藏5天）

♥♥♥♥♥ 人·气·指·数

渍萝卜片

（分量：约500克）

（保质期：冷藏3天）

♥♥♥♥♥ 人·气·指·数

材料

★ 白萝卜500克

→去皮，切成边长约
1.5厘米的立方体

调味料

Ⓐ 盐1大匙

Ⓑ 白醋100毫升
细砂糖50克

1　白萝卜块加入盐，用双手抓出水
分，沥干，再用凉开水冲洗盐分，
沥干。

2　取一干燥容器，放入白醋和糖，用
打蛋器拌至糖溶化，放入白萝卜，
拌匀，装入玻璃瓶内，室温下腌制
1天即可食用。

＼韩国菜／
美味小贴士

＊白萝卜的皮要削干
净，削到表面呈现
透明状，口感才会
更好。

材料

★ 白萝卜500克→去皮、切小块
★ 葱段30克
★ 大蒜30克→去皮、打成泥
★ 嫩姜10克→去皮、打成泥

调味料

Ⓐ 盐1大匙
Ⓑ 韩国辣椒粉（粗、细混合）各25克
细砂糖50克
韩国鱼露20毫升
凉开水100毫升

1　白萝卜块加入盐，用
双手抓出水分，沥
干，再用凉开水冲洗
盐分，沥干。

2　白萝卜块中加入葱
段、蒜泥、姜泥和调味
料Ⓑ拌匀，室温下发酵
6小时，放入保鲜盒，
移至冰箱冷藏保存。

＼韩国菜／
美味小贴士

＊白萝卜用盐抓出
水分，为避免太
咸，一定要再用
凉开水冲洗。抓
出水分是很重要
的步骤，这样味
道才会进去。

材料

★ 白萝卜500克

→去皮，切成半圆薄片

调味料

Ⓐ 盐2小匙
Ⓑ 细砂糖40克
白醋2大匙
柠檬汁2大匙

1　白萝卜片加入盐，用双手抓出水分，沥干，再
用凉开水冲去盐分，沥干。

2　取一干燥容器，放入所有调味料Ⓑ拌匀，再放
入白萝卜片拌匀，装到干净的玻璃罐中，移至
冰箱冷藏，腌渍1天以上使其入味。

腌嫩姜

（分量：约250克）
（保质期：冷藏7天）

♥♥♥♥♥ 人·气·指·数

材料

★ 嫩姜250克→去皮切薄片

调味料

Ⓐ 盐1大匙、细砂糖1大匙
Ⓑ 白醋100毫升、细砂糖90克

1 嫩姜片加入盐和糖，拌匀，用双手抓出水分，沥干，再用凉开水冲洗，沥干。

2 取一干净容器，放入白醋和糖，用打蛋器拌至糖溶化。

3 续放入嫩姜片，拌匀，装入玻璃瓶内，冷藏腌渍3天至入味。

洛神萝卜

（分量：约300克）
（保质期：冷藏7天）

♥♥♥♥♥ 人·气·指·数

材料

★ 白萝卜300克

　→去皮切片
★ 话梅3颗
★ 陈皮10克
★ 新鲜洛神花（去籽）50克

调味料

★ 盐1大匙
★ 细砂糖3大匙
★ 水500毫升

1 白萝卜片加入盐，用双手抓出水分，沥干，再用凉开水冲去盐分，沥干。

2 将话梅、陈皮、洛神花和水放入锅中，用小火煮出颜色，再放入糖拌匀，待凉。

3 将做法2的洛神花汁倒入白萝卜片中，需盖过萝卜片，放入冰箱腌渍1天，即可食用。

韭菜泡菜

（分量：约300克）
（保质期：冷藏2天）

人·气·指·数

韭菜泡菜有些是直接把腌料拌在一起，不经过脱水步骤，这样需要较久才会入味。

材料

★ 韭菜300克→切约4厘米长的段
★ 姜末30克

调味料

Ⓐ 盐1大匙
Ⓑ 韩国鱼露1大匙、韩国辣椒粉2大匙
  韩国辣椒酱2大匙、芝麻油2大匙

---

1 韭菜段加入盐拌匀，用手抓出水分，加入姜末拌匀后沥干。

2 续加入调味料Ⓑ，抓拌均匀，放置约2小时即可食用。

\ 韩国菜 /
美味小贴士

＊韭菜泡菜做好直接吃会带有些许辛辣味，放6小时后味道会更柔和。

必学的17道
热乎乎
韩国料理

辣炒鱿鱼

人·气·指·数 ♥♥♥♥♥

材料（分量：4人份）

★ 鱿鱼1条（约250克）
　→去除表面皮膜及内部软骨后，
　　切圈状
★ 洋葱150克→去皮切丝
★ 韭菜30克→切段
★ 熟白芝麻1小匙

调味料

Ⓐ 韩国烧酒2大匙
　酱油1大匙
　韩国辣椒酱1大匙
　韩国辣椒粉1大匙
　细砂糖1大匙
　姜末20克
　蒜泥10克
Ⓑ 芝麻油2大匙

1 取一干燥容器，放入所有调味料Ⓐ和鱿鱼圈抓拌均匀。

2 热锅，倒入芝麻油，放入洋葱条用中火炒软，再放入做法1的鱿鱼圈，转大火炒匀。

----▶ 鱿鱼要用大火炒熟，才能保持水分。

3 放入韭菜段炒熟，最后撒上熟白芝麻即可。

泡菜
炒猪肉

材料（分量：3人份）

★ 梅花猪肉片200克
★ 韩国泡菜100克→切片
★ 洋葱80克→去皮切丝
★ 葱段1根
★ 蒜片10克

调味料

★ 芝麻油1大匙
★ 韩国辣椒酱1大匙
★ 细砂糖1小匙
★ 韩国烧酒2大匙
★ 水2大匙

人·气·指·数

1 热锅，倒入芝麻油，放入洋葱丝用中火炒至半透明状，再放入葱段及蒜片爆香后，加入猪肉片炒至六分熟。

▶ 洋葱先炒至半透明，会带有香气。

2 续加入泡菜和其余调味料，转大火拌炒至猪肉片熟即可起锅。

▶ 泡菜要最后加，才能保持脆度。

辣炒五花肉

材料（分量：2人份）

★ 五花肉片200克
★ 洋葱100克
　→去皮切粗丝
★ 葱段20克
★ 红辣椒10克
　→去蒂头、切斜片
★ 青阳辣椒10克
　→去蒂头、切斜片
★ 熟白芝麻1小匙

调味料

★ 辣炒肉片酱1大匙
★ 韩国鱼露1小匙
★ 猪骨高汤150毫升（做法见P25）
★ 细砂糖1小匙
★ 芝麻油2大匙

人气指数

1 热锅，倒入2大匙色拉油，放入洋葱丝，用中火炒至金黄色，再放入葱段和2种辣椒片拌炒至香。

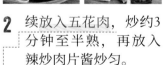
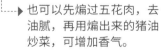

2 续放入五花肉，炒约3分钟至半熟，再放入辣炒肉片酱炒匀。

▶ 也可以先煸过五花肉，去油腻，再用煸出来的猪油炒菜，可增加香气。

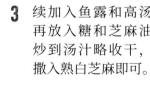

3 续加入鱼露和高汤，再放入糖和芝麻油，炒到汤汁略收干，再撒入熟白芝麻即可。

\韩国菜/
美味小贴士

＊辣炒肉片酱是市售酱料包，用特选腌酱搭配泡菜与辣椒等辛香料制作，酸辣带劲，很适合用来做辣炒五花肉。

1 取一干燥容器，放入所有调味料 Ⓐ 和猪肠段抓拌均匀，再放入芝麻油拌匀，即可。

2 热锅，倒入3大匙色拉油，先放入蒜末、葱粒、辣椒片，用中火爆香，再放入洋葱丝、胡萝卜片和圆白菜片，炒软。

3 续放入做法**1**的猪肠段用中火炒熟，最后撒上熟白芝麻即可。

辣炒猪肠

 人·气·指·数

材料（分量：4人份）

★ 烫好的猪大肠200克→切小段
★ 洋葱50克→去皮、切粗丝
★ 胡萝卜30克→去皮、切小片
★ 圆白菜100克→切片
★ 蒜末15克
★ 青葱30克→切1厘米长的小粒
★ 红辣椒2根→去蒂头、切斜片
★ 熟白芝麻1小匙

调味料

Ⓐ **腌料Ⅰ**
酱油1大匙
韩国烧酒1大匙
韩国辣椒酱1大匙
韩国辣椒粉1大匙
细砂糖1大匙

Ⓑ 芝麻油2小匙

春川辣炒鸡 人·气·指·数

由于江原道春川市
原以畜牧养鸡业出名，
所以当时小吃街的餐厅与
酒馆也常使用比其他肉类
相对便宜的鸡肉来做料理。
在20世纪60年代，
常会制作炭烤鸡排配上
韩国烧酒。后来经过改良，
把用辣椒酱腌好的鸡肉丁，
搭配蔬菜配料，用铁板炒熟，
做成铁板炒鸡，
除了直接吃，还可以包生菜，
剩下的配料还可加入米饭拌炒。
由于味美，价格平实，又好下酒，
受到许多人的喜爱。

材料（分量：2人份）

* 去骨鸡腿肉150克
  →切块
* 洋葱50克
  →去皮、切粗丝
* 圆白菜50克
  →切片
* 胡萝卜30克
  →去皮、切片
* 青葱20克
  →取葱绿，切1.5厘米长的粒
* 韩国年糕条100克
* 奶酪片2片

调味料

Ⓐ 姜泥15克
  蒜泥15克
  韩国烧酒2大匙
  味醂2大匙
  韩国鱼露2小匙
  韩国辣椒酱50克
  韩国辣椒粉1小匙
Ⓑ 芝麻油2大匙、水200毫升

1 取一干燥容器，放入鸡腿肉和调味料Ⓐ抓匀后，放入1大匙芝麻油，再次抓拌均匀。

▸ 调味料要先抓匀，让味道进去，再加入油脂形成保护膜。

2 热锅，倒入1大匙芝麻油，先放入洋葱丝、圆白菜片、胡萝卜片和葱粒，用大火翻炒至半熟。

▸ 数种蔬菜要用大火炒，可保持蔬菜的水分。

3 放入水和年糕条，转中火煮至年糕软化。

▸ 年糕条直接放入锅中烧煮，可煮到刚好的硬度。

4 放入腌好的鸡腿肉，炒到汤汁变浓稠，再放上奶酪片，待其融化后即可食用。

 人·气·指·数

奶酪辣炒鸡

奶酪辣炒鸡视觉上很炫，是目前很火的韩国料理之一，
除了单吃炒好的鸡肉外，也可裹上融化的奶酪一起食用，除了减缓辣度外，
还多一份浓郁的口感。

材料（分量：2人份）

* ★ 去骨鸡腿肉150克→切块
* ★ 洋葱20克→去皮、切粗丝
* ★ 葱段20克
* ★ 奶酪丝150克

调味料

* ★ 蒜末1大匙
* ★ 姜末1大匙
* ★ 韩国辣椒酱2大匙
* ★ 韩式辣炒酱1大匙
* ★ 薄盐酱油1小匙
* ★ 韩国烧酒1大匙
* ★ 细砂糖1大匙

1 取一容器，放入所有调味料和鸡肉块抓匀，腌渍约30分钟。

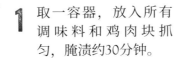

2 热锅，倒入1大匙色拉油，放入洋葱丝和葱段，用中小火炒香，再放入腌好的鸡肉，转中火炒到熟。

3 将炒熟的鸡肉放入铁锅中，放入奶酪丝，用小火煮至奶酪融化，即可食用。

\ 韩国菜 /
美味小贴士

※韩式辣炒酱是韩式传统风味酱包，使用泡菜与辣椒等辛香料制作，口味酸辣带劲，适合搭配各种食材来制作地道的韩国料理。

安东炖鸡

人气指数 ♡♡♡♡♡♡👆

安东炖鸡是从庆尚北道安东市传来的一种料理。20世纪80年代在安东市场的鸡肉城，
有人在炒鸡肉时加入胡萝卜、土豆、圆白菜和宽粉条等许多材料一起拌炒，
然后搭配特制咸中带甜的酱汁一起炖制。久而久之，便成为一道具有代表性的韩式炖菜。

材料（分量：4人份）

★ 鸡腿300克→切块
★ 韩国宽粉条50克
★ 土豆60克→去皮、切小块
★ 胡萝卜60克→去皮、切小块
★ 小黄瓜10克→切片
★ 葱段20克

★ 蒜末1小匙
★ 姜末1小匙
★ 红辣椒10克
　→去蒂头、切斜片
★ 熟白芝麻1克

调味料

Ⓐ 芝麻油2大匙
Ⓑ 韩国烧酒2大匙
　香菇素蚝油1大匙
　酱油4大匙
　蜂蜜1大匙
　水300毫升

---

1 宽粉条泡水约30分钟至软，捞起沥干后，剪成适口的长段。

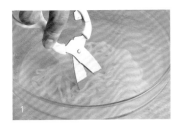

2 热锅，倒入2小匙色拉油，放入鸡腿块，用中小火煸至外观呈现金黄色。

▶ 先煸出鸡皮油，让鸡肉的香气更佳。

3 热锅，倒入芝麻油，放入蒜末、姜末和辣椒片，用中小火炒香后，再加入鸡腿块拌炒均匀。

4 先放入调味料Ⓑ，再放入土豆块和胡萝卜块，煮滚后转小火加盖炖20分钟。

5 加入宽粉条煮约5分钟至汤汁略收干，放入小黄瓜片和葱段，撒上熟白芝麻即可。

韩式奶酪蒸蛋

人·气·指·数

韩式蒸蛋的口感较弹，并带有微微的焦香味。
刚煮好时会膨起，冷却后就会塌下来，但完全不影响美味度！

材料（分量：3人份）

★ 鸡蛋6个

★ 葱花2克

★ 双色奶酪丝20克

★ 虾籽2克

调味料

★ 盐少许

★ 鸡骨高汤250毫升（做法见P25）

---

1 将鸡蛋分别打入调理盆中，加入盐，用打蛋器搅拌均匀备用。

2 取陶锅，倒入鸡骨高汤，用中火煮至高汤微滚、冒泡后，慢慢倒入蛋液。

▶ 蛋液必须慢慢加入，可使高汤温度维持不变。

3 转中小火，用汤匙慢慢搅拌至蛋液半熟，加入葱花和奶酪丝。

▶ 煮蛋花的过程中一定要持续搅拌，才不会粘锅。

4 盖上深碗，转小火煮2分30秒，开盖加上虾籽即可。

▶ 盖碗的目的是让蛋持续煮熟，制作前要先选好合适的深碗，以预留出蛋液膨胀空间。

\ 韩国菜 /
美味小贴士

＊韩式餐厅都是直接用陶锅煮，因陶锅会蓄热，所以要随蛋液的状态调整火候，才能成功做出韩式蒸蛋。若喜欢原味蒸蛋，做法3不放奶酪丝即可。

奶酪鸡蛋卷 ♥♥♥♥♥ 人·气·指·数

材料（分量：3～4人份）

★ 鸡蛋4个
　→打入容器中，用左右切拌的方式拌
　　匀，再加高汤和盐，再次拌匀。
★ 奶酪片2张→切丝状

调味料

★ 鸡骨高汤50毫升（做法见P25）
★ 盐1小匙

1 玉子烧锅烧热，用厨房纸巾蘸色拉油抹在锅面，倒入1/3蛋汁，用小火煎蛋卷。

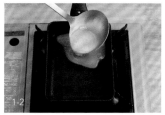

第一层

2 蛋汁凝固前用筷子朝自己的方向卷蛋皮。

▶ 锅缘外的蛋液在半熟状态下进行翻卷；若蛋液凝固，就无法粘住上下层的蛋。

★

3 续用厨房纸巾抹色拉油，倒入1/3蛋汁，用筷子稍微撑起已煎好的蛋卷，再往前卷，卷好移到靠身体处。

▶ 用筷子把煎好的蛋卷稍微撑起，是为了让生蛋液流入蛋卷下方，可使蛋卷层层相粘。

★

第二层

🎎 \韩国菜/
美味小贴士

＊搅拌时要拌入空气，煎出来的蛋卷口感才会松软。

＊若想吃原味鸡蛋卷，只要在做法4不放奶酪片即可。

4 再抹一点色拉油，倒入最后1/3蛋汁，用筷子稍微撑起已煎好的蛋卷，放入奶酪片。

▶ 第一层蛋先凝固定形，奶酪片要等到第2～3层时再放，才能完整包覆。

第三层

5 蛋汁凝固前往前卷，卷好移到靠身体处，放1分钟即可。

▶ 卷好后放在锅上，让蛋卷煎熟些，可帮助定形。

韩式杂菜 人·气·指·数

17世纪时，
臣子李忠献上该道菜因深得当时君主光海君的心而流传下来，
后来成为韩国宴会料理或是节日料理之一，
之后也逐渐普及到民间与日常料理中。
杂菜就是以多种蔬菜混合在一起制作的料理，
早期以使用洋葱、胡萝卜、香菇、菠菜、肉丝为主。
一直到20世纪90年初期才拌入当时深受欢迎的粉条，
也就是现在我们看到的杂菜的样貌。

材料（分量：3人份）

★ 韩国粉条100克
★ 秀珍菇50克→对切
★ 泡发黑木耳50克
★ 洋葱100克→去皮、切丝
★ 胡萝卜40克→去皮、切丝
★ 韭菜30克→切段
★ 熟白芝麻1大匙

调味料

Ⓐ 酱油1大匙
　 韩国鱼露1小匙
　 细砂糖1大匙
　 芝麻油2大匙
Ⓑ 盐1小匙

1 粉条泡水约30分钟至软，放入滚水用中火煮约5分钟，捞起沥干后剪短。

2 取一容器，放入调味料Ⓐ拌匀，加入煮熟的粉条，再次拌匀，备用。

▶ 粉条要趁热拌，更易吸入酱汁入味。

3 热锅，倒入2大匙色拉油，放入所有蔬菜，用大火炒软，加盐调味，炒至熟，取出。

4 将做法3的炒料放入拌好的粉条中拌均匀，加入熟白芝麻，放凉即可食用。

\韩国菜/
美味小贴士

＊杂菜拌调味料和食材都是趁热拌匀，较易入味。

海鲜煎饼

人·气·指·数

材料（分量：4人份）

Ⓐ 面糊Ⅰ
中筋面粉45克
酥炸粉20克
鸡蛋1个
水100毫升

Ⓑ 乌贼1只
→拉出头部，从头部左右
各划一刀，取出眼睛后
拉出中骨，切小块
虾仁8个→切小块
圆白菜50克→切丝
洋葱50克→去皮、切末
韭黄40克→切段
韭菜10克→切段

调味料

Ⓐ 蘸酱Ⅰ
葱末少许、薄盐酱油1
大匙、白醋1小匙、水1
大匙、细砂糖1小匙、
熟白芝麻1小匙、韩国
辣椒粉少许

Ⓑ 盐1小匙
白胡椒粉少许

Ⓒ 色拉油2大匙
芝麻油1大匙

1 取一容器，放入所有
的调味料Ⓐ拌匀，即
为蘸酱。

2 将材料Ⓐ和调味料Ⓑ
放入调理盆中，用打
蛋器搅拌成无颗粒的
粉浆。

3 热锅，倒入1小匙色拉
油烧热，放入所有的
材料Ⓑ，用中火拌炒
均匀，待凉备用。

4 将做法**2**的面糊慢慢加
入炒好的食材，拌成
面糊料。

▸ 食材的量不可过多，否则
面糊裹不起来，在煎的过
程中很容易散掉，面糊可
分次加入。

5 锅中倒入色拉油和芝
麻油，锅热后转接近
小火倒入面糊料，用
汤勺背（或锅铲）铺
平，盖上锅盖。

▸ 使用2种油，除可让海鲜
煎饼带有芝麻的香气外，
也能避免因油温太高而产
生苦味。

 \韩国菜/
美味小贴士

＊用汤勺背铺平，可让煎好的
饼皮更扎实。

6 续用小火煎约2分钟，
至一面定形和上色，
再翻面煎成两面金黄
色即可。

 泡菜煎饼 人·气·指·数

材料（分量：4人份）

- Ⓐ 韩国煎饼粉200克、冷水200毫升
- Ⓑ 韩国泡菜200克→挤出汁并切片，胡萝卜50克→去皮并切丝，圆白菜50克→切粗丝
  韭菜20克→切长约5厘米的段，葱末20克

调味料

细砂糖1大匙、芝麻油1大匙

---

1 将煎饼粉、细砂糖和水放入调理盆中，用打蛋器搅拌成无颗粒的粉浆。

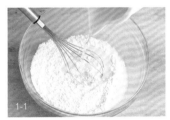

2 将材料Ⓑ和芝麻油拌好，分次加入做法**1**的面糊，拌均匀成面糊料。

‧‧‧‧‧▸ 面糊不用一次倒入，要分次加入食材中，边加边搅拌，让食材都裹到面糊。

3 热锅，倒入3大匙色拉油烧热，放入做法**2**的面糊料，用汤勺背（或锅铲）铺平，再盖上锅盖。

‧‧‧‧‧▸ 倒入面糊时，一定要等锅和油热，才不会粘锅。

\韩国菜/
美味小贴士

＊韩国煎饼粉是预拌粉，若没有，可用中筋面粉45克、酥炸粉20克、鸡蛋1个、水100毫升、盐1/2小匙代替。

4 续用小火煎至一面定形和上色后翻面，煎至两面熟，取出切块盛盘。

‧‧‧‧‧▸ 煎饼必须等煎至一面定形再翻面，判断的方式是煎饼能滑动就可以翻面。若不会直接翻面，可先滑入大盘中，用另一个盘子倒扣出煎饼，再滑入锅中，即可成功翻面。

韭菜煎饼

♡
♡
♡
♡
♡

材料（分量：4人份）

★ 韭菜200克
→切约10厘米的长段
★ 中筋面粉200克
★ 鸡蛋2个

调味料

Ⓐ 盐1小匙
白胡椒粉1克
猪骨高汤100毫升
（见做法P25）
芝麻油2小匙

Ⓑ **蘸酱Ⅰ**
酱油1小匙
韩国大酱1大匙
细砂糖1小匙
韩国辣椒粉1小匙
熟白芝麻1小匙
蒜泥1小匙
葱花2克
水120毫升

1 将中筋面粉、蛋和调味料Ⓐ放入调理盆中，用打蛋器搅拌成糊状，再过筛。

┈┈➤ 粉浆要拌至无颗粒状，也可拌好后再用滤网过筛。

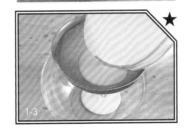

2 热锅，倒入1大匙色拉油烧热，放入韭菜段，用中火拌炒至出现香味。

┈┈➤ 韭菜先炒过，可去除草腥味，也可增香；炒的时候，先炒梗部，再放入叶子，熟度才会一致。

3 续倒入做法1的面糊，用汤勺背（或锅铲）铺平，盖上锅盖。

4 用小火煎至一面定形和上色后翻面，煎至两面熟，取出切块盛盘，搭配拌好的蘸酱食用。

铁板烤猪五花

人·气·指·数

烤肉这一料理方式据说源自古代士兵远征作战时，就地取材，以钢盔或盾牌当作炊煮器具，现今韩国烤肉则以铁盘或铜盘为锅具。因为韩国天气寒冷，所以他们喜欢吃油花多的五花肉，可补充热量。

材料（分量：2人份）

★ 带皮五花肉300克
　→切厚度约0.5厘米的片状
★ 红叶生菜1棵→去根部
★ 生菜1棵→去根部
★ 韩国泡菜50克→切小片
★ 蒜片6瓣
★ 青阳辣椒3根→去蒂头、切斜片
★ 生腌萝卜30克（做法见P72~73）

调味料

Ⓐ **腌料 |**
味酥2大匙、芝麻油1小匙
白胡椒粉1小匙、葱段1根

Ⓑ **蘸酱 |**
韩国辣椒酱1大匙、韩国大酱1大匙
细砂糖2小匙、芝麻油2小匙

---

1 取一容器，放入所有腌料拌匀，再放入五花肉片，拌匀后略按摩，腌渍10分钟。

2 取一容器，放入所有的调味料Ⓑ拌匀，即为蘸酱。

3 烤盘加热，放上腌好的五花肉片，用中火烤到一面金黄再翻面，烤至两面呈现金黄酥脆。

▶ 烤五花肉要一面烤至金黄，再翻面烤另一面，才能锁住肉汁。

3-1

3-2

4 转中小火续烤至两面全熟，即可用生菜包上肉片，搭配泡菜、蒜片、青阳辣椒片和生腌萝卜食用。

4

＼韩国菜／
美味小贴士

＊要挑新鲜、肥瘦相间的五花肉，厚度以0.5厘米为佳，这样容易烤熟，烤好后也不会过于油腻。

铜盘烤肉

🤍🤍🤍🤍🤍
🤏 人·气·指·数

材料（分量：4人份）

* ★ 猪肉片500克
* ★ 圆白菜100克→切片
* ★ 金针菇50克→去蒂头
* ★ 嫩豆腐60克→切块
* ★ 胡萝卜20克→去皮切丝
* ★ 韭菜20克→切段

调味料

Ⓐ **腌料 |**
　洋葱丝50克
　葱段2根
　姜泥10克
　熟白芝麻10克
　酱油4大匙
　细砂糖1大匙
　芝麻油1大匙

Ⓑ **蘸酱 |**
　开水100毫升
　水梨泥20克
　苹果泥20克
　白荫油 1大匙
　白醋2小匙
　细砂糖1小匙
　芝麻油1小匙
　韩国辣椒粉少许

Ⓒ 猪骨高汤250毫升（做法见P25）

1 取一容器，放入猪肉片和调味料Ⓐ抓拌均匀，腌渍半小时。

2 取一容器，放入所有的调味料Ⓑ拌匀，即为蘸酱。

3 分别将圆白菜块、金针菇、嫩豆腐块、胡萝卜丝和韭菜段放在铜盘的铜槽内，中间放入腌好的猪肉片。

4 倒入猪骨高汤煮滚，转小火烤猪肉片至熟，搭配蘸酱食用。

烤肠

人·气·指·数

韩国人很喜欢吃烤肠，
甚至在首尔有著名的
"烤肠一条街"，因一整条街上
都是烤肠专卖店而得名。
韩国的烤肠有牛肠和猪肠，
还细分成牛大肠、牛小肠、
牛肝、牛百叶和猪大肠等，
烤好后可以搭配生菜、
泡菜一起食用。

材料（分量：2人份）

★ 卤猪大肠头300克

★ 鲜香菇30克→切片

★ 洋葱30克→去皮、切丝

★ 胡萝卜30克→去皮、切丝

★ 韭菜10克→切段

★ 葱段10克

调味料

★ 蒜泥2大匙

★ 韩国辣椒粉2大匙

★ 细砂糖1.5大匙

★ 韩国辣椒酱2大匙

★ 韩国烧酒1大匙

★ 猪骨高汤50毫升（做法见P25）

1 取一容器，放入所有的调味料拌匀，即为酱料。

2 热锅，倒入2小匙色拉油，放入香菇片、洋葱丝、胡萝卜丝、韭菜段和葱段，用中小火炒到软化。

3 续放入卤猪大肠头、做法1的酱料，用中火炒熟，包生菜食用。

\ 韩国菜 /
美味小贴士

＊猪大肠头的卤法：取一锅500毫升水，加入米酒20克、姜片10克、葱段10克、白胡椒粒5克、盐5克煮滚，放入300克处理好的猪大肠头，用中小火卤30分钟，到筷子可刺穿，切斜片。

八色烤肉

♥♥♥♥♥
人·气·指·数

材料（分量：2人份）

★ 五花肉500克
　→切成八等份

★ 生菜2棵
　→去根部

★ 红叶生菜1棵
　→去根部

★ 泡菜50克
　→切小片

★ 青阳辣椒1根
　→去蒂头、切斜片

★ 蒜片4瓣

调味料

Ⓐ 泡菜酱汁50毫升
　盐1小匙

Ⓑ 黑胡椒粉20克
　盐1小匙

Ⓒ 咖喱粉10克
　盐1小匙

Ⓓ 葱末10克
　盐1小匙

Ⓔ 市售生抽10克

Ⓕ 玫瑰盐1小匙
　蒜末2瓣

Ⓖ 韩国辣椒酱1大匙

Ⓗ 日式味噌1大匙
　熟白芝麻1大匙
　盐1小匙

1 将调味料Ⓒ、Ⓓ、Ⓕ和Ⓗ先分别混合拌匀。

2 将8片五花肉片分别和调味料Ⓐ～Ⓗ各自抓拌均匀，腌渍1晚（最少3小时）。

3 烤盘加热，将整片五花肉放上烤盘，先用中火烤至两面金黄焦脆，再转中小火两面轮番烤至全熟。

┄┄▶ 火候太大容易烤焦，用中小火烤，可让肉片外表焦脆、不油腻。

4 将烤好的肉片剪成适口的块状，包入生菜或红叶生菜，搭配泡菜或辣椒片、蒜片，即可食用。

经典好吃的16道
韩式饭&面料理

韩式石锅拌饭

♥♥♥♥♥♥
人·气·指·数

又称韩式拌饭、媳妇饭，韩文为"bibimnba"，
bibimn是"混合"的意思，ba则为"米饭"，所以两者合一就成为拌饭之意。
常见起源说法之一为，韩国早期妇女通常会将公婆和先生用完餐后剩下的饭菜拌在一起吃，
而后在某个寒冷的冬天，有位媳妇把剩下的饭菜放在石锅里加热，
遂飘出锅巴香气，后又拌上辣椒酱享受这脆香辣感。
之后她用该煮法做给家人吃，并流传开来。
现如今，若是情侣一起吃石锅拌饭，男方必须先帮对方将饭拌匀，
若对方最后无法吃完，男方要把剩下的拌饭吃完，以表示体贴。
由于韩国人深信五行说，所以会在制作拌饭时以对应五色的食材做搭配。
且为做出焦香脆口的锅巴，会先在锅底涂层芝麻油，再将饭压实煎香。

材料（分量：2～3人份）

★ 猪肉片150克→切小片
★ 黄豆芽60克→去尾端
★ 新鲜黑木耳50克→切丝
★ 胡萝卜50克→去皮切丝

★ 小黄瓜40克→切丝
★ 鸡蛋3个→2个打散
★ 热米饭380克
★ 熟白芝麻1小匙

调味料

Ⓐ **腌酱丨** 苹果泥20克
蒜泥20克、酱油3大匙
韩国烧酒2大匙、芝麻油1大匙

Ⓑ 芝麻油1小匙、盐少许

Ⓒ 芝麻油1大匙、韩国拌饭酱1大匙

---

1 将调味料Ⓐ放入容器中，放入猪肉片腌渍30分钟，备用。

2 热锅，倒入2大匙色拉油，放入腌好的猪肉片，用中火炒熟至酱汁收干。

3 将黄豆芽和黑木耳丝分别烫熟。

▶ 黄豆芽和黑木耳丝要分别烫熟，以较易摆入石锅中。

4 热锅，倒入芝麻油，放入胡萝卜丝，用中火炒熟，加盐调味。

5 锅烧热后用厨房纸巾蘸油抹匀，倒入蛋液后转动锅子，让蛋液均匀分布，等凝固后用小火煎熟，取出切成丝，备用。

▶ 煎好的蛋皮可卷成圆筒状，除了好切外，也能切得漂亮。

6 石锅用中火加热5分钟，移至桌面，倒入芝麻油，放上热米饭，再放猪肉片，并撒上熟白芝麻，依次放上黄豆芽、黑木耳丝、胡萝卜丝、小黄瓜丝和蛋丝，放上拌饭酱。

▶ 石锅要先加热，加入米饭后才会被锅气煎出锅巴；石锅内加的芝麻油要够，除了可以防止米饭多粘锅外，可让米饭与油接触，煎出的锅巴更香脆好吃。要用香气足的芝麻油，加热后味道更香。

7 打上一个生鸡蛋，食用时拌匀，利用锅内的温度把蛋拌熟。

▶ 鸡蛋最后打入石锅内拌饭，所以要选用新鲜的蛋；若鲜度不佳，容易有蛋腥味。

 ＼韩国菜／
美味小贴士

＊吃石锅拌饭不要一开始就把全部材料搅散，这样下方的米饭才有时间煎出锅巴。

 韩式烤肉饭 人·气·指·数

材料（分量：1人份）

★ 热米饭200克

★ 梅花肉60克→顺纹切片

★ 韩国泡菜50克→切小片

★ 黄豆芽50克

★ 菠菜50克→去根部、切段

★ 胡萝卜30克→去皮、切丝

★ 泡发海带芽20克

★ 鸡蛋1个

★ 熟白芝麻1克

调味料

Ⓐ **腌酱 Ⅰ**
   苹果泥30克、洋葱泥30克、蒜泥5克
   鲣鱼酱油50毫升、细砂糖25克、水50毫升

Ⓑ 蒜末5克、韩国辣椒粉1小匙、酱油1小匙、芝麻油1小匙

Ⓒ 酱油1小匙、果糖1小匙、熟白芝麻1克

Ⓓ 盐1/2小匙、芝麻油1小匙

Ⓔ 辣椒末15克、蒜末20克、酱油1大匙
   芝麻油1大匙、熟白芝麻1小匙

---

1 将调味料Ⓐ放入容器中，放入猪肉片腌渍约30分钟，放入加1大匙色拉油的锅中，用中火煎熟肉片，取出撒上熟白芝麻。

▶ 韩式烤肉最特别是腌酱中加入苹果泥，运用水果的酵素让肉片软化，并可增加香气。

2 黄豆芽放入滚水中烫熟后，取出冰镇，拌入调味料Ⓑ。

3 菠菜段烫熟，拌入调味料Ⓒ；胡萝卜丝烫熟，拌入调味料Ⓓ。

4 取一容器，放入所有的调味料Ⓔ，再放入泡发海带芽，拌匀。

5 热锅，倒入1大匙色拉油，打入鸡蛋，以中小火煎至两面熟，取出备用。

6 盘中放入热米饭，依次放入猪肉片、泡菜、胡萝卜丝、海带芽、黄豆芽、荷包蛋和菠菜段。

泡菜炒饭

人·气·指·数

材料（分量：1人份）

★ 冷米饭200克

★ 猪肉泥50克

★ 韩国泡菜60克→切小片

★ 胡萝卜30克→去皮、切丝

★ 鸡蛋1个

★ 海苔丝3克

调味料

★ 韩国辣椒酱1大匙

★ 细砂糖1大匙

★ 水2大匙

\ 韩国菜 /
美味小贴士

＊韩国泡菜可用才腌好的
泡菜，做出来的炒饭比
较爽脆。

＊建议使用冷米饭，含水
量较少，炒出来的饭才
会粒粒分明。

1 热锅，倒入1大匙色拉油，放入猪肉泥，用中火炒至上色后，再放入辣椒酱、糖和水炒匀。

▶ 新手操作，建议辣椒酱可先和水调匀，再放入锅中拌炒。

2 续放入胡萝卜丝炒拌均匀，再加入泡菜片炒香。

3 续加入冷米饭，用中火拌炒至均匀，即可盛盘。

▶ 米饭放入前可先弄松散，再放入锅中拌炒，较容易炒均匀。

4 热锅，倒入1大匙色拉油，打入鸡蛋，以中小火煎至两面熟，取出放入做法3的盘中，撒上海苔丝。

猪肉汤饭

人气指数 ♥♥♥♥

猪肉汤饭是釜山的代表性美食之一，甚至现在有一条猪肉汤饭街。
吃这道菜可搭配泡菜、腌渍韭菜一起食用，也可以把这些小菜放入汤饭中拌匀食用。

材料（分量：2人份）

- ★ 猪排骨600克
- ★ 猪肉片150克
- ★ 米饭150克
- ★ 葱花20克
- ★ 韭菜泡菜50克（做法见P75）
- ★ 韩国泡菜50克（做法见P66）

调味料

- ★ 芝麻油1大匙
- ★ 盐1/2小匙
- ★ 白胡椒粉1/4小匙

\ 韩国菜 /
美味小贴士

＊煮米饭时要搅拌，让米粒均匀煮至糊化，也可以避免粘锅。

1 锅中加入3000毫升的冷水，放入排骨，用大火煮滚，转中小火熬煮1小时，过程中捞除浮沫，取出汤汁，即为猪骨汤。

2 陶锅加热，倒入芝麻油后放入猪肉片，用中火炒香。

3 倒入做法**1**的猪骨汤，再放入米饭，用小火煮至变稀饭，放入盐和白胡椒粉调味，起锅后放上葱花，搭配韭菜泡菜、韩国泡菜食用。

 # 牛肉
辣汤饭

人·气·指·数

牛肉辣汤是韩国人常喝的一道汤品，也会用来当醒酒汤。
汤中有加蕨菜，若买不到，也可以不加。

材料

- ★ 牛腱子200克→切块
- ★ 白萝卜80克→去皮、切块
- ★ 米饭150克
- ★ 洋葱30克→去皮、切片
- ★ 蒜末20克
- ★ 姜末10克
- ★ 葱花30克
- ★ 海苔丝3克

调味料

Ⓐ 芝麻油2大匙

Ⓑ 韩国辣椒酱1大匙
  韩国辣椒粉2小匙
  细砂糖1小匙

1 将牛腱块和白萝卜块一起汆烫，取出洗净牛腱，加800毫升水和白萝卜块，放入锅中用大火蒸1小时，取出牛高汤备用。

▶ 牛肉和白萝卜都要先汆烫过，才不会有腥味。

2 陶锅中放入芝麻油，放入洋葱片、蒜末、姜末和调味料Ⓑ，用小火炒香。

▶ 辛香料先用芝麻油炒过，可以增加汤头的香气。

3 续倒入做法1的牛高汤、米饭、白萝卜块和牛腱块，用小火煮至变稀饭，放上葱花和海苔丝，即可。

紫菜包饭

人·气·指·数

韩式紫菜包饭和日本寿司卷看起来很像，实际上做法不同。
韩式紫菜包饭是米饭中拌入盐、芝麻油和熟白芝麻，带有浓浓的芝麻香气。
而日本寿司卷中的米饭则是拌糖和白醋，有酸甜味。

材料（分量：2人份）

★ 热米饭2碗
★ 饭卷用大海苔2张
★ 猪肉片150克
★ 鸡蛋3个
  →打入容器中，加入调
    味料Ⓐ拌A匀
★ 小黄瓜30克
  →切长条
★ 胡萝卜30克
  →去皮、切长条
★ 腌黄萝卜30克
  →切长条

调味料

Ⓐ 酱油1小匙
  细砂糖1小匙
  韩国烧酒1小匙
Ⓑ 盐1小匙
  芝麻油1大匙
  熟白芝麻1小匙
Ⓒ 盐1小匙
  细砂糖1小匙
Ⓓ 芝麻油1大匙
  细砂糖1大匙
  酱油2大匙
  韩国烧酒1大匙

1 取一容器，放入热米饭和调味料 **B**，用饭匙或橡皮刮刀以切拌的方式拌匀。

➤ 制作芝麻拌饭要趁热拌入调味料，让盐、芝麻油及米饭均匀地融合，并以切拌的方式轻拌，不要把米粒压扁，不然会让饭的黏性提高，影响饭卷的整体感和口感。

2 将蛋液倒入玉子烧锅中，用中小火煎成蛋卷（见P90），取出切长条。

3 小黄瓜条加盐和糖，用双手抓腌至出水软化；胡萝卜条放入滚水中煮熟。

4 热锅，倒入芝麻油，放入猪肉片用中小火炒至七分熟，再放入调味料 **D** 炒熟。

5 竹帘上放海苔，铺上一层薄薄的饭（边距留约1.5厘米），在海苔内侧1/3处摆上腌黄萝卜条、胡萝卜条、小黄瓜条、蛋卷条和做法4的酱烧猪肉片。

➤ 海苔的粗面朝上，这样成品卖相较好；边距留空间可避免包卷时米饭漏出。

6 将饭卷连同竹帘慢慢向外包卷，双手扎实地卷紧，打开竹帘，取出切片摆盘即可。

➤ 拉紧包好的紫菜饭卷，可停留3分钟，让米饭的热气散出来，紫菜遇热变软就自然粘起。

 \韩国菜/
美味小贴士

＊可在海苔和竹帘间放一层保鲜膜，方便整形，较好包卷。

＊切紫菜包饭的刀子要先用湿毛巾擦过，这样不易粘到饭粒。

＊腌黄萝卜可到商店购买。

忠武饭卷

人·气·指·数 ♥♥♥♥♥

忠武饭卷和首尔广藏市场的麻药海苔饭卷、
庆州校里海苔饭卷并列为
韩国三大海苔饭卷。
相传，韩国忠武市（现今的统营）
的一位渔夫太太，
因为先生需要长时间待在船上捕鱼，
而将小菜与饭卷分开制作，
有别于容易坏掉的包菜、海苔饭卷
（由于该地为渔港，夏天潮湿闷热）。
通常这个充满香油香气、由海苔包裹的饭卷，
会搭配清爽的萝卜泡菜和辣鱿鱼。

材料（分量：2人份）

- ★ 热米饭1碗
- ★ 饭卷用大海苔2张
- ★ 乌贼1只
  - → 拉出头部，从头部左右各划一刀，
    取出眼睛后，拉出中骨，切丝状
- ★ 白萝卜200克 → 去皮、切块

调味料

Ⓐ 腌萝卜 |
细砂糖120克
白醋100毫升
开水100毫升

Ⓑ 腌酱 |
蒜末10克
葱花10克
果糖2大匙
薄盐酱油1大匙
韩国辣椒酱1大匙
细砂糖1大匙
韩国辣椒粉1小匙
芝麻油1大匙

Ⓒ 盐1/2小匙
芝麻油1小匙
熟白芝麻2克

1 白萝卜块加入糖，用双手抓出水，再加入白醋、开水腌渍约1小时，取出备用。

> 白萝卜块要先抓出水分，才会入味。

2 乌贼条放入滚水中，用大火煮熟后捞起，放入冷水泡至冷却，取出备用。

> 乌贼条煮好泡冷水，可防止继续熟成，维持最佳口感。

3 取一容器，放入所有的调味料Ｂ拌匀，即为腌酱。

4 做法**3**的腌酱分别放入白萝卜块和乌贼条中，拌匀即可。

5 取一干燥容器，放入热米饭、盐、芝麻油和熟白芝麻，趁热用饭匙或橡皮刮刀以切拌的方式拌匀。

6 将1大张海苔分切成4等份，在前端包入适量的芝麻拌饭，包卷到尾端上方粘少许饭粒，顺势卷完装盘，搭配腌渍萝卜泡菜和鱿鱼即可。

> 包饭卷的过程中要拉紧卷紧，尾端用饭粒固定。

材料（分量：2人份）

★ 热米饭2碗
★ 韩国泡菜60克→切丁
★ 鸡蛋2个→搅拌成蛋液
★ 海苔丝5克
★ 熟白芝麻1小匙

调味料

★ 盐1小匙
★ 芝麻油1大匙

拳头饭团

人气指数

1 将泡菜丁用手挤干水分，备用。

⤷ 泡菜要挤干水分，水分太多则无法包成饭团。

2 锅烧热后用厨房纸巾蘸油抹匀，倒入蛋液后转动锅子，让蛋液均匀分布，等凝固后用小火煎熟，取出切成丝备用。

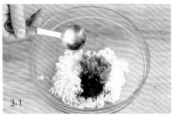 

3-1　　3-2

3 取一容器，放入热米饭、泡菜丁、蛋丝、海苔丝、熟白芝麻和调味料，趁热用橡皮刮刀以切拌的方式拌匀。

⤷ 制作饭团一定要使用热米饭，带有黏性才能塑形。

4 双手蘸水，用虎口塑成圆球状即可。

⤷ 蘸水可避免包的过程拌饭黏手。

1 将调味料Ⓐ放入容器中，放入猪肉片腌渍约15分钟，放入加芝麻油的锅中，用中大火煎熟肉片，摆在饭上面即可。

2 锅烧热后用厨房纸巾蘸油抹匀，倒入蛋液后转动锅子，让蛋液均匀分布，等凝固后用小火煎熟，取出切成丝，放在米饭上。

酱五花肉盖饭

❤❤❤♡♡
人·气·指·数

材料（分量：1人份）

★ 热米饭200克

★ 五花肉100克
　→切厚度1厘米的片状

★ 鸡蛋1个→搅拌成蛋液

★ 小黄瓜40克→切丝

★ 胡萝卜30克→去皮、切丝

★ 泡发海带芽30克

★ 熟白芝麻1小匙

调味料

Ⓐ **腌酱Ⅰ**
　葱段20克
　蒜片5克
　韩国烧酒50毫升
　酱油1大匙
　细砂糖2大匙
　芝麻油2大匙

Ⓑ 芝麻油2大匙

Ⓒ 白醋1大匙
　韩国鱼露1小匙
　细砂糖1大匙

3 胡萝卜丝烫熟，和小黄瓜丝放在米饭上。

4 泡发海带芽中放入调味料Ⓒ，拌匀，放在米饭上。

韩式拌冷面

♥♥♥♥♥
人·气·指·数

韩国人遵循"应时面食"的饮食方式，如冬天吃冷食，让人因感到寒冷
面对外在自然环境产生暖和感，所以形成了在冬天品尝冷面的习惯。
以往韩国人通常是在寿宴、婚宴、正月初四的时候才吃冷面，现在已无特殊要求。
冷面分为汤水多、口味清淡的平壤式汤冷面
和汤水少、因加辣椒酱面口味重的咸兴式拌冷面。

材料（分量：1人份）

★ 干荞麦面100克

★ 鸡蛋1个

★ 黄豆芽菜30克→去尾

★ 小黄瓜30克
　　→去蒂头、切丝

★ 水梨50克→去皮、切丝

★ 熟白芝麻1小匙

调味料

Ⓐ **冷面酱汁Ⅰ**
鲣鱼酱油1大匙、白醋2大匙、果糖1大匙
韩国辣椒酱1大匙、细砂糖1大匙、韩国辣椒粉1/2小匙

Ⓑ 葱末2克、蒜末2克、盐1/4小匙、芝麻油1大匙

\韩国菜/
美味小贴士

※一定要选用极细的干荞麦面，地道且口感
　弹牙。

---

1 取一干燥容器，放入
所有调味料Ⓐ，拌至
糖融化开。

2 鸡蛋放入锅中，倒入
盖过鸡蛋的冷水，用
中大火煮滚改小火，
煮7分钟至熟，捞出冲
冷水，剥去外壳切半
备用。

3 将干荞麦面放入滚水
中，用大火煮约3～4
分钟至面变透明，取
出，冲凉开水至凉。

┈┈▶ 荞麦面煮的过程很容易产
生面糊，煮好要冲凉开水
降温，可防止粘黏，也是
面条好吃的关键。

4 黄豆芽放入滚水中煮
熟，取出冰镇，拌入
调味料Ⓑ。

5 荞麦面放入深盘中，依
次放入黄豆芽、水煮
蛋、小黄瓜丝和水梨
丝，再淋上做法1的酱
汁，撒上熟白芝麻，食
用前拌匀。

韩式冷汤面  人·气·指·数

材料（分量：1人份）

★ 干荞麦面70克
★ 鸡蛋1个
★ 火锅梅花肉片100克
★ 玉米笋30克
★ 菠菜70克→去根部、切段
★ 韩国泡菜40克→切小片
★ 小黄瓜30克→切丝
★ 泡开的海带芽20克

调味料

★ 冰开水500毫升
★ 酱油1大匙
★ 白醋1小匙
★ 细砂糖1大匙
★ 盐1/2小匙

1 鸡蛋放入锅中，倒入盖过鸡蛋的冷水，用中大火煮滚改小火，煮7分钟至熟，捞出冲冷水，剥去外壳后切半备用。

2 将干荞麦面放入滚水中，用大火煮约3～4分钟至面变透明，取出，冲凉开水至凉。

3 将玉米笋和菠菜段分别放入滚水中烫熟，取出冰镇；猪肉片烫熟备用。

4 取一干燥容器，放入所有调味料混合均匀，再放入小黄瓜丝及泡开海带芽。

5 将面条放入碗中、铺上做法3的肉片、玉米笋和菠菜段，以及水煮蛋和泡菜片，倒入做法4的汤汁、小黄瓜丝和海带芽，即可。

起源于中国山东，于19世纪80年代中期
传入朝鲜半岛的济物浦（即现今的仁川）。
1905年，第一家卖炸酱面的餐厅"共和春"在仁川开张，
后来经过不断改良，以黑豆酱（春酱）做出颜色深、甜味重的炸酱面，且搭配有配菜。
而韩国炸酱面餐厅的大量开设始于20世纪50年代许多中国人移居到朝鲜半岛，
加上60年代时应稻米量不足，也让面点类中的炸酱面逐渐成为主流食品。

韩式炸酱面

人·气·指·数 ♥♥♥♥♥✌

材料（分量：2人份）

* 拉面200克
* 猪肉泥100克
* 洋葱70克→去皮、切小丁
* 土豆70克→去皮、切小丁
* 胡萝卜40克→去皮、切小丁
* 小黄瓜20克→切丝

调味料

Ⓐ 水150克
Ⓑ 春酱100克
　香菇素蚝油6大匙
　酱油1大匙
　细砂糖2大匙

1 拉面放入滚水中，用大火煮约4分钟至面熟，取出放入碗中。

2 热锅，倒入3大匙色拉油，放入猪肉泥、洋葱丁、土豆丁和胡萝卜丁，转中火炒香，加水煮软胡萝卜丁和土豆丁。

➤ 炒炸酱的油量要足够，才可包覆酱汁和拌面。

3 放入所有调味料Ⓑ，煮至酱汁呈现稠状，舀入做法1的拉面中，放上小黄瓜丝即可。

 \韩国菜/
美味小贴士

＊韩式炸酱面的主要调味料为春酱，因有加入黑糖调味，所以外观呈黑色，又称为黑豆酱。

129

炒码面 人·气·指·数

炒码面是在韩国很受欢迎的韩式中菜之一，也常出现在韩剧中。
"码"是"料"的意思，意思是每种材料都抓一些。
"炒码"是指把材料炒过再加高汤煮沸。

材料（分量：2人份）

★ 韩国泡面1包

★ 五花肉100克→切条

★ 大白菜50克→切丝

★ 乌贼40克

　　→拉出头部，从头部左右各划一刀，取出眼睛后，拉出中骨，切圈

★ 海白虾5只→用牙签在虾背第二节处挑出虾线

★ 黄豆芽40克

★ 姜末10克

★ 蒜末10克

调味料

Ⓐ 芝麻油2大匙

Ⓑ 韩国辣椒酱20克
　　细砂糖1小匙
　　韩国烧酒2大匙
　　海带小鱼高汤300毫升
　　（见做法P22~23）

---

1 将泡面放入滚水中用大火煮1分钟至软，取出沥干，趁热拌入芝麻油。

2 热锅，倒入芝麻油，放入五花肉条、白菜条、姜末和蒜末，用中火炒香。

3 放入海鲜、辣椒酱及糖，转大火拌炒至出现香味。

▶ 海鲜要大火快炒，以免烹煮时间太久而变老。

4 续加入烧酒和高汤，煮到汤汁滚及浓稠，放入泡面炒拌均匀，再放入黄豆芽拌炒至熟，即可盛盘。

▶ 黄豆芽很容易炒熟，要最后放，才不会太软烂。

 韩式海鲜
炒泡面 ♥♥♥♥♥♥
人·气·指·数

材料（分量：2人份）

★ 韩国泡面1包
★ 乌贼50克
　→拉出头部，从头部左右各划
　　一刀，取出眼睛后，拉出中
　　骨，切圈，头切3等份
★ 虾仁30克
★ 蛤蜊6只→泡水吐沙
★ 洋葱30克→去皮、切丝
★ 圆白菜50克→切丝
★ 金针菇30克→去蒂头
★ 韭菜10克→切段
★ 韩国泡菜80克→切片
★ 蒜末10克

调味料

Ⓐ 芝麻油1大匙
Ⓑ 韩国辣椒粉1小匙
　韩国辣椒酱2大匙
　细砂糖1大匙
　韩国烧酒1小匙

1 将泡面放入滚水中用大火煮1分钟至软，取出沥干，趁热拌入芝麻油。

▶ 泡面只需要煮软，以免再次料理后过于软烂；要先拌一些油，才容易拌炒。

2 热锅，倒入2大匙色拉油，放入蒜末和洋葱条，用中火炒香，再放入圆白菜条、金针菇和韭菜段，转大火炒到蔬菜变软。

3 再放入所有海鲜料和水700毫升，续用大火炒到蛤蜊开口。

▶ 海鲜要大火快炒，以免烹煮时间太久而变老，口感变差。

4 加入调味料Ⓑ炒匀，再放入泡面和泡菜片，拌炒至均匀且水分收干。

▶ 泡菜最后放，才可保持爽脆的口感。

韩式奶酪汤拉面

人·气·指数
♡♡♡
♡♡♡
♡♡🫰

材料（分量：2人份）

★ 辛拉面1包
★ 奶酪片1片
★ 猪肉片30克
★ 韩国鱼板10克→切片
★ 鸡蛋1个
★ 葱花2克
★ 水550毫升

1 将水倒入锅中，加入辛拉面附赠的汤粉与蔬菜干。

2 水滚后放入面块，用大火续煮约5分钟，过程中不需搅拌。

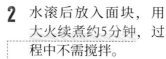

▶ 辛拉面的面条较弹，需要大火煮滚后才容易软，这个烹煮时间是韩国人觉得能将面彻底煮熟又不会过烂、口感最佳的时间。

3 放入鱼板片、鸡蛋和猪肉片，转中火煮至熟，加入奶酪片，熄火，撒上葱花即可。

奶酪辣炒年糕

人·气·指·数

材料（分量：2人份）

★ 韩国年糕条200克

★ 洋葱50克→去皮、切丝

★ 韩国鱼板50克→切片

★ 葱段20克

★ 奶酪丝50克

调味料

Ⓐ 韩国辣椒酱3大匙
韩国辣椒粉2大匙
香菇素蚝油1大匙
蒜末1大匙
细砂糖1大匙
蜂蜜1大匙

Ⓑ 鸡骨高汤240毫升（做法见
P25）

1 取一容器，放入所有的调味料Ⓐ搅拌均匀备用。

3 续放入做法**1**调好的酱料、年糕条和鱼板片，用中火煮滚10分钟，持续搅拌避免粘锅，直到年糕变软、酱汁浓稠。

2 热锅，倒入1大匙色拉油，放入洋葱条，用中小火炒软，再加入高汤煮滚。

4 放入葱段，最后撒上奶酪丝煮至融化即可食用。

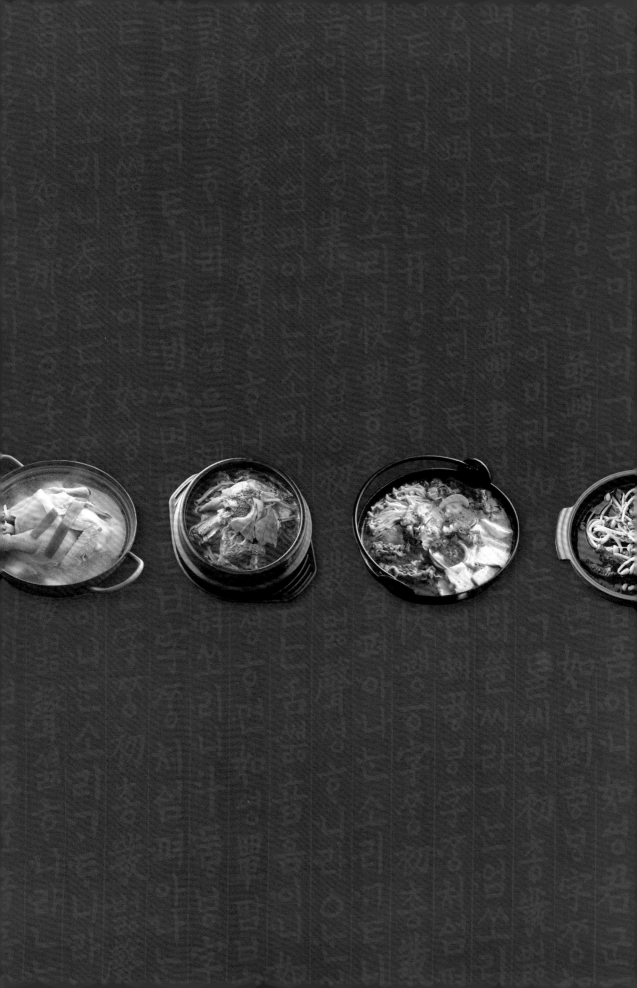

精选热卖的15道
必尝韩式汤锅

韩式 海带汤

💟💟💟💟🤍
👆人·气·指·数

材料（分量：2人份）

★ 泡发的海带芽40克
★ 牛肉片150克
★ 蒜泥5克

调味料

★ 芝麻油2大匙
★ 水700毫升
★ 韩国烧酒50毫升
★ 薄盐酱油1大匙
★ 盐1小匙

在韩国
女性在坐月子时都会吃海带汤，
因为海带含有丰富的营养素，
价格又便宜，是最好的产后补品。
韩国人在过生日时，也会喝海带汤，
以纪念母亲的养育之恩
和勿忘母亲生产的辛苦；
除此之外，也有健康长寿之意。

1 锅中倒入芝麻油，放入牛肉片，用中火煎至五分熟，加入蒜末和泡发的海带芽，稍微拌炒。

▶ 牛肉片煎到五分熟，再加水煮汤，肉片不会过老。

2 水倒入锅中煮滚，捞除浮沫，加入烧酒、酱油和盐，煮滚即可。

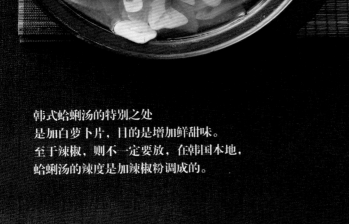

韩式蛤蜊汤

♥♥♥♡♡

人·气·指·数

材料（分量：2人份）

★ 蛤蜊250克→蛤蜊先泡水吐沙

★ 白萝卜40克→去皮、切片

★ 蒜片15克

★ 姜片10克

★ 葱段20克

★ 红辣椒5克→去蒂头、切斜片

调味料

★ 水300毫升

★ 韩国烧酒2大匙

★ 盐1小匙

韩式蛤蜊汤的特别之处
是加白萝卜片，目的是增加鲜甜味。
至于辣椒，则不一定要放，在韩国本地，
蛤蜊汤的辣度是加辣椒粉调成的。

1 准备一锅水，放入白萝卜片、蒜片和姜片，煮滚后放入蛤蜊，用大火煮开。

· 蛤蜊用大火煮开，刚煮滚时，立即关小火调味起锅，煮太久则鲜味会流失。

· 煮蛤蜊的过程中会出现浮沫，可用汤匙捞起，这样汤头才会清和美味。

2 转小火后淋入烧酒，放入葱段、辣椒片，加盐调味即可。

雪浓汤

♥♥♥♡♡
🤞 人·气·指·数

雪浓汤是以牛骨长时间炖煮，
直到呈现乳白色，
是韩国汤中味道偏淡的一种。
在韩国当地一些餐厅甚至
不加调味料，
店家会附上盐和胡椒粉
供客人自行调整口味。
韩国人习惯用雪浓汤配拌饭，
或是把饭倒入汤中食用。

材料（分量：1人份）

★ 牛肉片100克
★ 洋葱30克→去皮、切丝
★ 鸡蛋1个→搅拌成蛋液
★ 葱花10克

调味料

★ 芝麻油1大匙
★ 牛骨高汤300毫升
  （做法见P24）
★ 盐1小匙

1 热锅，倒入芝麻油，放入洋葱丝用中火炒香，倒入高汤煮开。

┈┈▶ 洋葱先放入锅中炒香，这样汤头也会带有香气。

2 加入汆烫后的牛肉片和蛋汁，用小火煮熟，起锅前加入盐，盛碗并撒上葱花即可食用。

┈┈▶ 牛肉片先汆烫过再放入，才不会影响汤头的清澈度和鲜美度。

一只鸡

人·气·指·数

材料（分量：4人份）

★ 小土鸡1只
→去除内脏的油脂，把双脚塞入鸡屁股

★ 土豆60克→去皮、切块

★ 洋葱30克→去皮、切丝

★ 青葱30克→去蒂头、切长段

★ 大蒜10克→剥去外皮

调味料

★ 鸡骨高汤3000毫升（做法见P25）

★ 韩国烧酒2大匙

★ 盐2小匙

2 大火煮滚转中小火，炖煮约30分钟，起锅前加入盐即可。

1 取一大汤锅，放入土鸡、土豆块、洋葱条、青葱段和蒜仁，倒入鸡骨高汤、烧酒。

 \韩国菜/
美味小贴士

※新鲜的小土鸡在烹煮前要把腹腔内的内脏和油脂清洗干净，这样才不会影响汤的风味。

※炖鸡汤要从冷水开始煮，鸡肉的甜味才会释放。

※鸡肉吃完，剩下的汤可以用来煮粥。

韩式牛肉汤

人·气·指·数

材料（分量：3人份）

A 牛肋排400克→切块

海带20克

→用厨房纸巾蘸点水，擦干
净表面附着的灰尘

胡萝卜60克→去皮、切块

白萝卜30克→去皮、切片

洋葱半个→去皮、切片

葱花20克

红枣3颗

水1000毫升

B 韩国粉条80克

鸡蛋2个→搅拌成蛋液

葱花适量

调味料

★ 盐2小匙

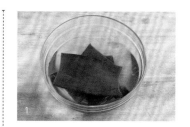

1 海带放入冷水中，泡
约30分钟至发，取出
备用。

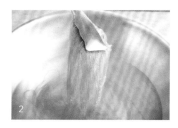

2 粉条泡水约30分钟至
软，放入滚水用中火
煮约5分钟，捞起沥
干，备用。

3 牛肋排块放入滚水中
汆烫，洗净备用。

4 锅烧热后用厨房纸巾
蘸油抹匀，倒入蛋液
后转动锅子，让蛋液
均匀分布，等凝固后
用小火煎熟，取出切
成丝备用。

5 取锅放入材料**A**，煮
滚后转小火熬煮30分
钟，即可放入粉条，
再放上蛋丝，加盐调
味后撒上葱花。

\韩国菜/
美味小贴士

＊煎好的蛋皮可卷成圆筒
状，比较好切，也能切
得漂亮。

＊煮汤的过程中需捞除浮
沫，这样汤头才会清
澈、味道鲜美。

人参鸡汤 ♥♥♥♥♥ 人·气·指·数

据传人参鸡汤起源于20世纪中期，当时的人们为了补充营养，
把认为营养价值低于其他肉类的鸡肉加上便宜的人参和草药一起炖煮以滋补身体。
而后也因为韩国人信奉"以热制热"的食疗观念，夏天要吃热的料理，
以让身体出汗降温，并能补充汗水中流失的养分，
全年最热的农历三伏天便成为韩国人吃人参鸡汤最好的时间。

材料（分量：4人份）

Ⓐ 小土鸡1只（约1千克）
　→去除内脏的油脂
　葱花10克
　棉线2根

Ⓑ 圆糯米100克
　人参1根
　红枣5颗
　枸杞5克
　大蒜20克→剥去外皮

调味料

★ 盐1大匙

1 将材料Ⓑ和盐放入调理盆中，用热水泡约1小时。

2 小土鸡从鸡肚填入做法1的材料。

3 用棉线在左脚打结，双脚交叉，绳子往下绕3圈，绕到屁股处一起绑紧，打结，剪掉多余的绳子。

▶ 将双脚绑紧，让内馅材料不会掉出，使各种材料在炖煮的过程由内往外融合，煮出来的汤味道会格外鲜美。

4 将小土鸡放入电炖锅内锅中，倒入盖过鸡肉的冷水，放入电炖锅中，外锅加2杯水，按下开关键，跳起后再加2杯水，蒸煮至跳起，这时糯米软和鸡肉熟，剪开绳子，撒上葱花即可。

▶ 炖鸡从冷水开始煮，鸡肉的甜味才会释放出来。

\韩国菜/
美味小贴士

※在韩国是用小春鸡，这里用小土鸡替代，因为土鸡的肉质鲜甜，也耐炖煮，也可用乌骨鸡或者仿土鸡，绝不能用肉鸡，因为肉鸡的油脂太多，炖出来的汤也没有鸡肉的鲜甜，而且肉炖过之后更是松烂无味。

土豆猪骨汤

土豆猪骨汤在韩国是用来解酒的，一般家庭很少做，都是到餐厅吃，
吃完可用剩下的汤汁加海苔丝做成炒饭。韩国当地是使用芝麻叶，最后撒上野生的芝麻粉；
在国内有些店家会用菠菜或茼蒿代替，最后撒上辣椒粉。

材料（分量：2人份）

★猪排骨350克
★韩国宽粉条30克
★韩国年糕条50克
★洋葱20克→去皮、切块
★嫩姜片30克
★大蒜20克→剥去外皮
★土豆100克→去皮、切大块
★金针菇30克→去蒂头
★菠菜30克→去根部、切段

调味料

Ⓐ 韩国烧酒2大匙
　 猪骨高汤900毫升（做法见P25）
Ⓑ 韩国大酱1.5大匙
　 韩国辣椒酱1大匙
　 韩国鱼露2大匙
　 细砂糖2小匙
　 黑胡椒粉1小匙
　 韩国辣椒粉1小匙

1 将宽粉条泡水约30分钟至软。

2 年糕条放入滚水中，用中火煮约4分钟至软，捞起备用。

3 排骨用清水洗3～4次至洗净后，泡在冷水中静置30分钟，冲洗后和3片姜片、烧酒放入水中，用中火煮4分钟，取出洗净。

·排骨静置于冷水中，可让多余的血水释出，这样汤头较鲜甜。

·汆烫可把排骨的杂质和腥味煮掉，加烧酒则可去腥。

4 锅中放入汆烫过的排骨、洋葱块、姜片、蒜仁和猪骨高汤，用大火煮滚，转小火煮约1小时至排骨软烂，过程中要捞除浮沫。

煮汤的过程中要捞除浮沫，以免影响汤头的美味。

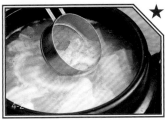

5 续放入土豆块和所有调味料Ⓑ，煮约10分钟，至土豆松软。

6 续放入年糕条和泡软的宽粉条煮约4分钟，起锅前摆上金针菇、菠菜段及1/4小匙辣椒粉（分量外），煮熟即可食用。

\ 韩国菜 /
美味小贴士

＊排骨的部位建议可用龙骨、软骨排或肋排。

韩式
年糕汤

年糕汤是韩国人过新年的早晨一定要喝的汤，
喝过代表长了一岁。
早年的韩式年糕汤是用牛骨熬高汤，据说是因为过年时会杀牛，正好可以用牛骨熬汤。
现在也可用海带小鱼高汤。

人气指数 ♡♡♡♡♡

材料（分量：2人份）

★韩国年糕片150克
★牛肉丝100克
★葱白20克→去蒂头、切段
★葱绿10克→去蒂头、切丝
★海苔丝2克

调味料

Ⓐ **腌料I**
蒜末5克
酱油1小匙
韩国烧酒1小匙
芝麻油1大匙

Ⓑ 海带小鱼高汤500毫升
（做法见P22~23）

1 取一干燥容器，放入牛肉丝及调味料Ⓐ抓拌均匀。

2 热锅，放入1大匙色拉油，放入葱白用中火炒出焦香味，再放入牛肉丝煮至八分熟。

▶ 葱白先炒至焦香状态，让汤头带有香气。

3 续放入年糕片和海带小鱼高汤，煮到年糕片浮起，盛碗后放上葱丝和海苔丝。

1 分别将圆白菜片、金针菇、鱼板片和嫩豆腐块放入锅中，加入辣椒酱和高汤，拌匀，用中火煮滚，过程中需搅拌均匀。

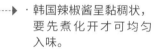

- 韩国辣椒酱呈黏稠状，要先煮化开才可均匀入味。

- 煮豆腐时要轻轻搅拌，避免弄破。

奶酪猪肉豆腐锅

材料（分量：2人份）

★ 嫩豆腐1/2盒→切大块
★ 猪肉片60克
★ 圆白菜50克→切片
★ 金针菇50克→去蒂头
★ 韩国鱼板20克→切片
★ 鸡蛋1颗→搅拌成蛋液
★ 奶酪片1片
★ 葱花2克

调味料

★ 韩国辣椒酱1大匙
★ 小鱼海带高汤500毫升
　（做法见P22~23）
★ 盐2小匙

2 续放入猪肉片煮熟后，倒入蛋液，用小火煮至食材熟，加入盐，熄火，放上奶酪片，撒上葱花即可。

韩式鸡爪锅

♥♥♥♡♡
人·气·指·数

在韩国，锅物吃到最后都会用剩下的酱汁加米饭拌炒，再加入奶酪丝炒到酱汁收干，
最后放入海苔丝。

材料（分量：2人份）

★ 鸡爪4只→切除趾甲
★ 黄豆芽30克

调味料

Ⓐ **辣腌酱Ⅰ**
　果糖2大匙
　酱油1大匙
　韩国辣椒酱1大匙
　韩国辣椒粉1小匙
　辣椒碎10克
　蒜末10克
　水50毫升
Ⓑ 鸡骨高汤150毫升
　（做法见P25）

1 将鸡爪洗净放入锅中用大火蒸1小时，取出待凉去骨，从内侧沿着骨头旁划刀，切开上端的踝关节，拉出骨头，折断。

1-1

1-2

1-3

1-4

2 将所有的调味料Ⓐ拌匀，即为辣腌酱。

2

3 将做法**2**的辣腌酱放入炒锅中，再放入去骨的鸡爪和高汤，煮滚转小火炖煮约15分钟，放上黄豆芽煮熟即可。

▶ 黄豆芽很容易炒熟，要最后放，才不会太软烂。

3-1

3-2

鱿鱼奶酪锅

♥♥♥♥♥
人·气·指·数

材料（分量：2～3人份）

★ 鱿鱼1条（约250克）
  → 去除表面皮膜及内部软骨后，切圈状，头切丝状，用厨房纸巾擦干
★ 小鱼干5克（约8只）
  → 用韩国烧酒泡1分钟
★ 洋葱50克 → 去皮、切丝
★ 蒜末20克
★ 韩国年糕条100克
★ 韩国泡菜50克 → 切片
★ 韭菜20克
★ 奶酪片2片
★ 奶酪丝50克

调味料

Ⓐ 粉浆 |
  酥炸粉50克
  水50毫升
  色拉油2大匙
Ⓑ 淀粉70克
Ⓒ 芝麻油1大匙
  韩国辣椒酱50克
  韩国辣椒粉2小匙
  细砂糖1大匙
  水200毫升

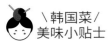

\ 韩国菜 /
美味小贴士

＊这道菜原本的做法是把整条鱿鱼放入锅中油炸，上桌给客人看过后，再分切。因家庭较难操做，本书修改成较容易制作的做法。

1 取一干燥容器，放入酥炸粉、水和色拉油拌匀。

┈┈▶ 粉浆中加入色拉油，可保持酥脆的口感。

2 鱿鱼圈先裹上一层淀粉，再放入做法1的粉浆中裹均匀。

┈┈▶ 鱿鱼要先拍上一层干粉，再裹酥炸粉浆，油炸过程中才不会掉粉。

3 起油锅，大火加热至油温160℃，放入裹好粉浆的鱿鱼，转中火炸至鱿鱼外观金黄色，取出沥干油。

4 热锅，倒入芝麻油，放入小鱼干、洋葱条和蒜末，用中小火炒香，再加入辣椒酱、辣椒粉、糖和水一起煮滚。

5 续加入年糕条、泡菜片和韭菜段煮熟，再放入奶酪片、奶酪丝煮融，最后放入炸鱿鱼即可。

┈┈▶ 炸鱿鱼要最后放入，才会保持酥脆的口感。

部队锅

 ♥♥♥♥♥ 人·气·指·数

部队锅是经典的韩国浓汤火锅。
20世纪50年代时，由于战争导致物资短缺，
韩国当地居民用美军基地内留下的香肠和罐装火腿，
搭配辣椒酱，煮成杂炊锅物，
所以又被称为部队锅。
演变迄今，这已经成为热门的韩式
锅物料理之一。

材料（分量：2人份）

- ★ 洋葱半个→去皮、切丝
- ★ 蒜末20克
- ★ 圆白菜50克→切丝
- ★ 韩国火腿肠4根→切小段
- ★ 韩国年糕条50克
- ★ 韩国泡菜50克

- ★ 韩国午餐肉2片
  →取出，切片
- ★ 嫩豆腐50克→切块
- ★ 金针菇100克
  →切去蒂头，切小段
- ★ 韩国泡面1包
- ★ 韭菜20克→切段
- ★ 奶酪片2片

调味料

- ★ 芝麻油1大匙
- ★ 韩国辣椒酱1大匙
- ★ 韩国辣椒粉1小匙
- ★ 细砂糖1小匙
- ★ 猪骨高汤500毫升
  （做法见P25）

1 热锅，倒入芝麻油，放入洋葱条用中火炒软，再放入蒜末和圆白菜条，续用中火拌炒至八分熟。

▶ 洋葱先放入锅中炒出香气，煮出来的汤头会带有香味。

1-1 ★

1-2

2 续放入辣椒酱、辣椒粉、糖和高汤，用筷子拌匀。

▶ 辣椒酱要先拌至化开，这样食材放入后才会均匀煮入味。

2-1

2-2 ★

3 依次放入剩下材料，煮熟即可。

3-1

3-2

\ 韩国菜 /
美味小贴士

＊韩国辣椒酱是韩式料理必备的调味料，因酿造过程有加辣椒粉和麦芽糖，所以不会太辣。

＊要做地道的部队锅，可以选用韩国火腿肠和午餐肉。火腿肠有很多口味可选择，可以好几种一起使用，也可用我们常见的火腿片和热狗肠代替。

午餐肉

火腿肠

牛肉大酱锅

人·气·指·数

大酱汤在韩国是一道很常见的家常菜，是用韩国大酱（即味噌）和辣椒酱以2:1的比例做出的汤，可搭配海鲜或猪肉、牛肉。

韩国大酱汤最特别之处是一开始就放入味噌，慢慢煮出味道。

材料（分量：3人份）

★ 火锅牛肉片150克
　→用厨房纸巾擦干
★ 洋葱50克→去皮、切丝
★ 韩国宽粉条80克
★ 白萝卜100克→去皮、切块

★ 娃娃菜100克
　→去根部、剥成一片一片
★ 金针菇50克→去蒂头
★ 秀珍菇50克
★ 冻豆腐50克
★ 葱段20克

调味料

★ 芝麻油2大匙
★ 韩国大酱2大匙
★ 韩国辣椒酱1大匙
★ 细砂糖25克
★ 牛骨高汤500毫升
　（做法见P24）

---

1 宽粉条泡水约30分钟至软，放入滚水用中火煮约5分钟，捞起后沥干水分。

2 热锅，倒入芝麻油，放入洋葱条，用中火炒至软出现香味，再放入其余调味料，拌匀后用中火煮滚，过程中需搅拌均匀。

▶ 大酱和辣椒酱都呈黏稠状，要先煮化开再放入食材，才可均匀煮入味。

3 依次放入白萝卜块、娃娃菜叶、2种菇和冻豆腐，用中火煮到蔬菜变软，放入牛肉片煮熟，再放上宽粉条和葱段煮滚即可。

＼韩国菜／
美味小贴士

＊牛肉片煮之前用厨房纸巾擦干，可去除多余的血水。

海鲜豆腐锅

人·气·指·数

1 锅烧热倒入芝麻油，放入蒜末、洋葱条，用中火炒到出现香味，再倒入高汤、圆白菜片和杏鲍菇块。

2 续放入其他调味料 **B** 煮软，边煮边搅拌，至大酱和辣椒酱散开。

3 待煮滚，放入金针菇、嫩豆腐块、海鲜料及韭菜段煮熟，撒上葱花即可。

材料（分量：2人份）

- ★ 洋葱60克→去皮、切丝
- ★ 圆白菜100克→切大片
- ★ 杏鲍菇50克→切大块
- ★ 金针菇30克→去蒂头
- ★ 嫩豆腐半盒→切块
- ★ 蛤蜊5个
- ★ 海白虾4只
  →用牙签在虾背第二节处挑出虾线
- ★ 乌贼60克
  →拉出头部，从头部左右各划一刀，取出眼睛后，拉出中骨，切圈
- ★ 韭菜15克→切段
- ★ 蒜末10克
- ★ 葱花20克

调味料

- **A** 芝麻油2大匙
- **B** 海带小鱼高汤500毫升
  （做法见P22~23）
  韩国大酱2大匙
  韩国辣椒酱2大匙
  韩国辣椒粉1小匙
  细砂糖1大匙

泡菜牛肉豆腐锅

人·气·指数

1 热锅，倒入芝麻油，放入蒜末和洋葱条，用中火炒到出现香味。

2 续放入圆白菜片、高汤、辣椒酱和糖，煮软拌开辣椒酱。

3 依次放上金针菇、嫩豆腐块、牛肉片和泡菜片，煮滚撒上葱花即可。

材料（分量：2人份）

★ 洋葱50克→去皮、切丝
★ 圆白菜100克→切片
★ 金针菇50克→去蒂头
★ 嫩豆腐1盒→切块
★ 牛肉片120克
★ 韩国泡菜120克→切片
★ 蒜末5克
★ 葱花20克

调味料

★ 芝麻油2大匙
★ 牛骨高汤500毫升
（做法见P24）
★ 韩国辣椒酱20克
★ 细砂糖1大匙

\韩国菜/
美味小贴士

＊最好选用发酵后带有酸味的泡菜，做出来的汤头才会更加浓郁。

＊若喜欢泡菜锅的味道，可让泡菜多煮5分钟，香气更足。

图书在版编目（CIP）数据

人气主厨的火爆韩国料理 / 黄景龙，王陈哲著 . -- 北京：中国纺织出版社有限公司，2021.11

ISBN 978-7-5180-8485-2

Ⅰ.①人… Ⅱ.①黄… ②王… Ⅲ.①菜谱—韩国 Ⅳ.① TS972.183.126

中国版本图书馆 CIP 数据核字（2021）第 067934 号

原书名：最火红的韩国餐厅菜
原作者：黄景龙，王陈哲
© 台湾邦联文化事业有限公司，2020

著作权合同登记号：图字：01-2021-0350

责任编辑：舒文慧　　责任校对：楼旭红　　责任印制：王艳丽

中国纺织出版社有限公司出版发行
地址：北京市朝阳区百子湾东里 A407 号楼　　邮政编码：100124
销售电话：010—87155894　　传真：010—87155801
http://www.c-textilep.com
E-mail: faxing@c-textilep.com
官方微博 http://weibo.com/2119887771
北京华联印刷有限公司印刷　各地新华书店经销
2021 年 11 月第 1 版第 1 次印刷
开本 787×1092　1/16　印张：10
字数：148 千字　定价：68.00 元